Final Cut Pro

演出テクニック

ムラカミヨシユキ

100

すぐに役立つ！
「できる」が増える動画表現アイデア集

*Final Cut Pro
production techniques 100*

BNN
Bug News Network

JN073209

はじめに

本書を手に取っていただきありがとうございます。

本書はこれからFinal Cut Proで映像を編集したいと思っている方や、既にFinal Cut Proを触ったことがある方のための一冊です。SNSやYouTubeへの投稿や、仕事やイベントの際に使えるテクニックを紹介しております。オリジナルの映像素材を使った「カット編集」をはじめ、「トランジション」や「エフェクト」「オーディオ編集」などの基本的なテクニックを身につけていくことができます。

またFinal Cut Proに関連する「Motion」や「Compressor」などのソフト活用に加え、外部サイトの活用なども記載しております。さまざまなシーンで使える基本的なテクニック要素を加えておりますので、一通り学んだ後に応用してみてください。

バージョン10.6から新たに追加されたトラッカーの機能を使うことによって、映像の動きに合わせて追随するエフェクトを加えることができるようになりました。またMotionを活用することで、できることの範囲はかなり広がります。映像合成など凝った演出にもチャレンジすることができるのです。

Final Cut Proの一番のメリットは、買い切りのソフトにも関わらず、新しい機能が次々と増えていくことです。複雑なことができる編集ソフトは多数ありますが、Final Cut Proは手軽にすばやく見映えの良い映像を、基本的な機能を組み合わせて作れるのが特徴です。

本書ではよく使う機能を紹介しておりますので、Final Cut Proというツールを活かして、あなたのアイデアを表現してみてください。

また本書にはチュートリアル動画に加え、筆者が世界中で撮影した動画素材も付属しております。練習の際にお使いください。撮影にご協力くださった方々に感謝をしております。

ムラカミ ヨシユキ

目次 Contents

Chapter 1 基本の編集テクニック

Chapter 2 タイトルで使えるテクニック

Chapter 3 カラーやエフェクトによるテクニック

Chapter 4 オーディオ編集テクニック

Chapter 5 イベントで使えるテクニック

Chapter 6 YouTubeやSNSで映えるテクニック

Chapter 7

Motionで作るモーショングラフィックス

本書特典のサンプルファイルのダウンロードについて——014

Final Cut Proのインストール方法

Final Cut ProはMacのApp Storeから購入・インストールすることで使用できます。なお、Final Cut ProはMac専用のソフトウェアです。2022年2月現在においては、90日間の無料体験版がダウンロードできます。

1　Final Cut Proをインストールする

ここでは、App Storeから購入・インストールする手順を解説します。

1 App Storeを開く

Finderのメニューバーにある → [App Store] をクリックし ❶、App Storeを開きます。

2 「Final Cut Pro」を検索する

画面左上の検索欄に「Final Cut Pro」と入力して ❷、[Enter] キーを押します。

3 Final Cut Proを選択する

表示された検索結果から、[Final Cut Pro] を選択します ❸。

4 Final Cut Proを購入する

[¥36,800] をクリックし ❹、[APPを購入] をクリックします。Apple IDとパスワードを入力して、[購入する] を
クリックすると、自動的にインストールが開始されます。価格は2022年2月現在のものです。

5 Final Cut Proを起動する

インストールが完了したら、[開く] をクリックして起動します ❺。

2 Final Cut Pro の詳細を確認する

Appleの公式サイトからも、Final Cut Proの詳細を確認できます。また、Final Cut Proに関するサポートが必要であれ
ばAppleのFinal Cut Proサポート (https://support.apple.com/ja-jp/final-cut-pro) へ連絡するとよいでしょう。

1 Appleの公式サイトから確認する

ブラウザ（ここでは「Safari」）でAppleの公式サイト (https://www.apple.com/jp/) にアクセスして、検索欄に
「Final Cut Pro」（ここでは「fcpx」）と入力し ❶、 Enter キーを押します。[App Store で購入] をクリックすると
❷、詳細を確認することができます。

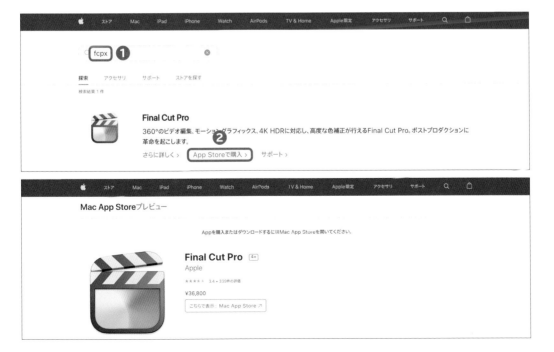

Final Cut Proの画面構成と
基本的な操作

各テクニックに入る前に、Final Cut Proの基本的な画面構成と操作について確認していきましょう。
すでに知っているという方は、すぐにChapter 1以降を読み始めて構いません。

1 Final Cut Proの画面構成

Final Cut Proの基本的な画面構成を説明します。

❶ サイドバー

動画や画像などの素材を収める「ライブラリ」や「写真と
オーディオ」、タイトルや字幕などを作成できる「タイト
ルとジェネレータ」のパネルが含まれます。

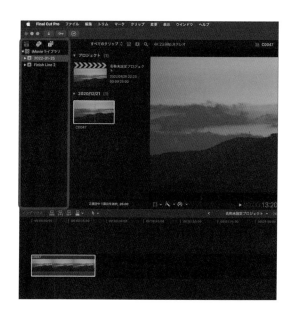

❷ ブラウザ

読み込んだ音声クリップや映像クリップなどが表示されます。

❸ ビューア

タイムラインで編集した内容が表示されます。

❹ インスペクタ

プロジェクトやクリップなどの情報が表示されます。エフェクトやアニメーション操作もここから行うことができます。

❺ マグネティックタイムライン

クリップの追加や配置などを行い、メインとなる編集作業を行う画面です。

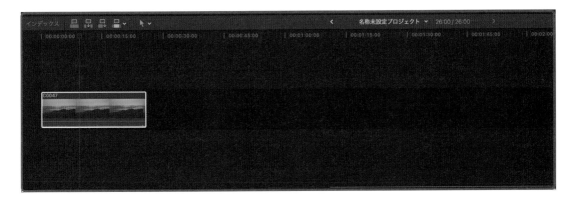

2 イベントやプロジェクトを作成する

Final Cut Proで新規イベントや新規プロジェクトを作成し、クリップを挿入するまでの基本操作をご紹介します。イベントとは「フォルダ」のようなもので、プロジェクトとはフォルダの中にある「ファイル」のようなものです。

1 新規イベントを作成する

Final Cut Proでは上部のメニューバーの [ファイル] をクリック、または右クリックすることで新たにイベントやプロジェクトを作成することができます。まずは、さまざまなプロジェクトをまとめるためのイベントを作成してみましょう。ここでは右クリック→ [新規イベント] を選択しました ❶。イベント名を自由に決めることができ ❷、[OK] をクリックすると ❸、新規イベントが作成されます。

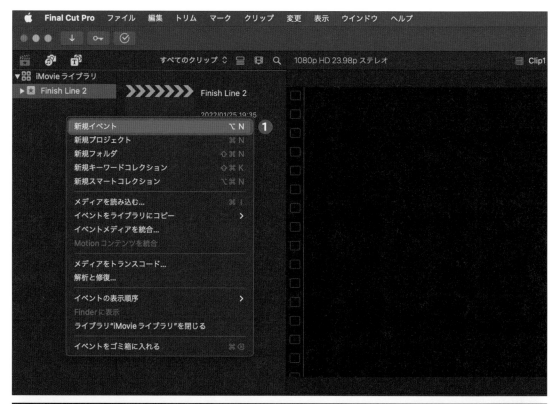

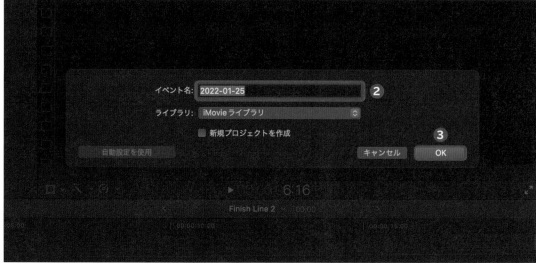

❷ 新規プロジェクトを作成する

右クリック→［新規プロジェクト］を選択❹、または Command ＋ N キーを押すことで新規プロジェクトを作成することができます。プロジェクトはこれから編集する動画をまとめるファイルのようなものなので、動画のサイズやフレームレートなどの設定を選択して❺、［OK］をクリックすると❻、作成することができます。

❸ クリップを挿入する

作成したプロジェクトの上で右クリック→［メディアを読み込む］をクリックします。動画や写真、音楽などのクリップを選択し、［選択した項目を読み込む］をクリックして挿入すると編集を開始することができます❼。

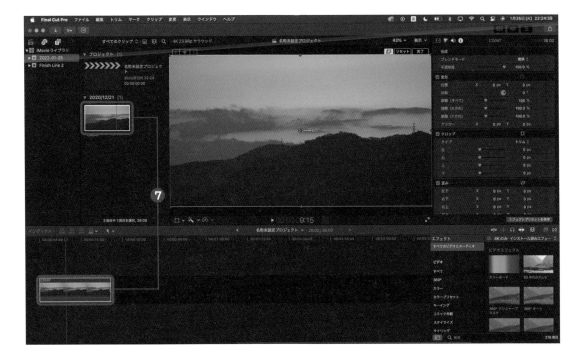

本書特典のサンプルファイルのダウンロードについて

本書の解説に使用しているオリジナルの素材ファイルやプロジェクトファイル、作例動画ファイルなどは、下記のペ－ジよりダウンロードできます。プロジェクトファイルは、編集が必要な作例に対してのみ収納してあります。ダウンロード時は圧縮ファイルの状態なので、展開してから使用してください。なお、オリジナル素材ではないフリー素材（画像・映像など）は各ページに記載しているDLリンクを参照し別途ダウンロードする必要があります。

http://www.bnn.co.jp/dl/finalcutpro100/

●サンプルファイルデータのフォルダ構造について

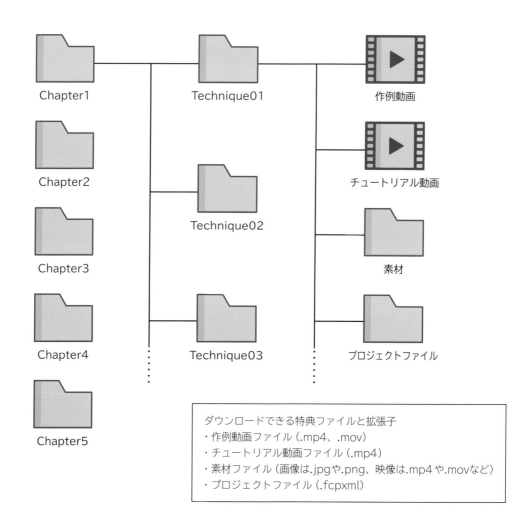

ダウンロードできる特典ファイルと拡張子
・作例動画ファイル（.mp4、.mov）
・チュートリアル動画ファイル（.mp4）
・素材ファイル（画像は.jpgや.png、映像は.mp4や.movなど）
・プロジェクトファイル（.fcpxml）

【使用上の注意】

※本データは、本書購入者のみご利用になれます。

※データの著作権は作者に帰属します。

※データの複製販売、転載、添付など営利目的で使用すること、また非営利で配布すること、インターネットへのアップなどを固く禁じます。

※本ダウンロードページURLに直接リンクをすることを禁じます。

※データに修正等があった場合には予告なく内容を変更する可能性がございます。

※本データを実行した結果については、著者や出版社、ソフトウェア販売元のいずれも一切の責任を負いかねます。ご自身の責任においてご利用ください。

Chapter

1

基本の
編集テクニック

まず最初に、Final Cut Proを使った基本の編集テクニックを紹介します。基本的な操作を覚えるだけでも、さまざまな効果や演出を加えることができます。また、ほかのアプリとの連携や、データの書き出しの方法なども確認しておきましょう。

Technique

01 タイムラインにクリップを並べる

クリップを並べる基本的な動作だけでも、旅で撮影したシーンや講演会の内容を
まとめて見せたり、YouTube でオススメ紹介動画などを作ることができます。

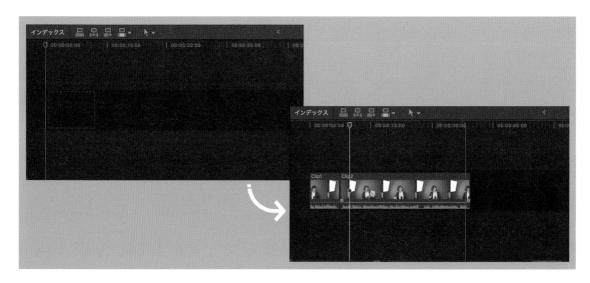

読み込んだファイルから使う箇所を決める

カメラやUSBなどに入っている動画や音声ファイルをまとめて読み込み、そこから使う部分のみを編集画面に並べていきま
しょう。

① メディアを読み込む

カメラで撮影した動画や音声ファイルを読み込む場合は
[メディアを読み込む] をクリックするか❶、`Command` ＋
`I` キーを押し、ファイルを選択します。`Command` キーや
`Shift` キーを押しながらクリックすると複数のファイル
を選択することができます❷。[選択した項目を読み込
む] をクリックします❸。

☀ POINT

Finder などからドラッグ＆ドロップしてメディアを
読み込むこともできます。

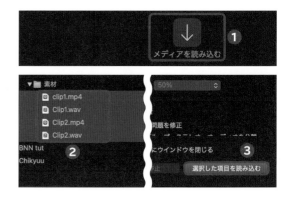

② 新規プロジェクトを作成する

メニューバーの [ファイル] → [新規] → [プロジェクト]
をクリック、もしくは `Command` ＋ `N` キーを押し、「プロ
ジェクト名」を入力したら❹、[OK] をクリックして新
規プロジェクトを作成します❺。

3 ビューアでクリップを確認する

映像クリップを読み込んだら、ブラウザでクリップを選択します❻。[Space]キーを押すと、ビューアで再生して確認することができます❼。

POINT

[L]キーで早送り、[J]キーで巻き戻しができます。フレームごとに確認するには、マウスのカーソルを動かすか、方向キーを使います。

4 イン点とアウト点を決める

映像クリップの使いたい箇所の始まりで[I]キーを押すと、黄色い枠線の始まりができ、これをイン点と呼びます。続いて、使いたい箇所の終わりで[O]キーを押すと、黄色い枠線の終わりができ、これをアウト点と呼びます。この黄色で囲まれた箇所を使うことができます❽。

5 タイムラインにクリップを並べる

ブラウザの中から、映像の黄色で囲まれた箇所をタイムラインへとドラッグ＆ドロップすると❾、映像クリップを挿入できます。同様の手順で、イン点とアウト点を決めたクリップを先ほどのクリップの右へドラッグ＆ドロップすると、動画を並べていくことができます❿。

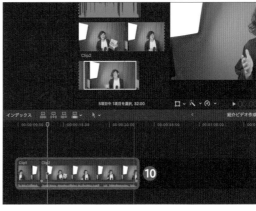

POINT

間違った場合は[Command]+[Z]キーで1つ前の動作に戻ることができます。

基本の編集

タイトル

カラーやエフェクト

オーディオ編集

イベント

YouTubeやSNS

Motion

02 カット編集をする

不要な箇所をカットして削除したり、タイミングを合わせてクリップをつないだり伸ばしていくことで、あらゆる動画編集を行うことができるようになります。

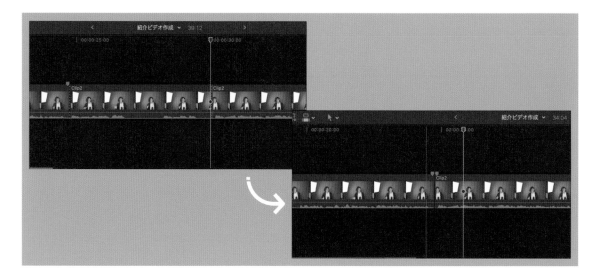

1 クリップを区切る

必要な部分を残し、不要な部分を取り除いていきます。その際にマーカーを使ったり、ブレードツールでクリップを分けたりする必要があります。

1 マーカーをつける

クリップでカットするか迷う場合やタイトルをあとから挿入する際などには、マーカーをつけることで目印にすることができます。クリップ上でマーカーをつけたいところに再生ヘッドを移動したら、Mキーを押してマーカーを挿入します❶。さらにこの点をダブルクリックするか、右クリックすると、マーカーの種類を選択したり、名前を入力して変更したりすることができます❷。マーカーには、[標準]（🔖）、[To Do]（▤）、[チャプター]（▦）の3種類があります。[チャプター]（▦）はDVDを作成する際に、チャプターとして機能します。

2 クリップをカット（分割）する

Bキーの[ブレード]でクリップをカットするか❸、Command+Bキーでカットすることができます❹。Bキーを押している間だけ、[ブレード]になります。

2 区切ったクリップを編集する

クリップを区切ることで、間のクリップを削除したり、複製したりできるようになります。Final Cut Proの特徴でもあるマグネティックタイムラインの性質を理解しながら編集していきましょう。

1 クリップを削除する

区切った箇所を選択した状態で❶ Delete キーを押すと、不要なクリップを削除することができます。このとき、マグネティックタイムラインという機能によって後続のクリップが削除したクリップの箇所を埋めるように移動します❷。

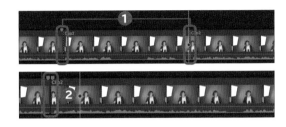

Check! クリップをギャップに置き換える

Shift + Delete キーを押すと、クリップがギャップ（空白）に置き換わるため、接続されたクリップや後続のクリップが移動することなく削除できます。

2 クリップを複製する

複製したいクリップを選択した状態で、 Option キーを押しながらクリップを移動させると❸、複製できます。選択したクリップの箇所だけを複製する場合は、 Command + C キーでコピーして、 Command + V キーで貼りつけることができます。

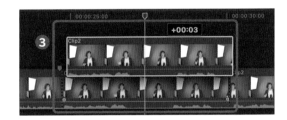

3 2つの編集の種類

カット編集後にクリップだけの尺を変えたい場合、ロール編集とスライド編集を行うことで全体の尺を変えずに編集することができます。トリムツールについてはChapter 4でも解説しています。

1 ロール編集を行う

T キーの[トリム]を選択し、マウスを編集点に合わせて左右にドラッグすると、クリップの切り替わる点が連動して変わります❶。動きのタイミングは変えずに編集点だけ前後に変更するときに使います。

2 スライド編集を行う

T キーの[トリム]を選択し、クリップの間に挟まれたクリップをドラッグすることで❷、イン点とアウト点を変えることなく、選択しているクリップのみ表示するタイミングを変えることができます。また Option キーを押すとスライドアイコンに切り替わるので❸、そのまま左右にドラッグすることで全体の尺を変えることなくイン点とアウト点だけを変更できます。

基本の編集

タイトル

カラーやエフェクト

オーディオ編集

イベント

YouTubeやSNS

Motion

03 別々の動画と音声を同期させる

カメラとは別に、マイクで音声を収録しておくと音質がよくなりますが、Final Cut Pro では別々に収録した動画と音声を自動で同期させることができます。

動画と音声を同期する準備を行う

1 GarageBandで編集する

動画とは別に収録した音声は、音声編集ソフトで音量を上げたり、音質を改善したりできます。Macの場合は、無料で使用できるGarageBandを使用します。Garage Bandに音声ファイルをドラッグしたら、メニューバーの［編集］から各操作を確認できます❶。なお、DL素材の音声データはすでに編集済みのものです。

2 クリップに対応する音声を選択する

ブラウザの中から動画ファイルとそこで使用した音声ファイルを両方とも選択します❷。編集を始める前に、動画と音声が別の場合は先に同期を行います。

③ クリップを同期する

選択したクリップの上で右クリックし、[クリップを同期]を選択して❸、同期を行います。[同期にオーディオを使用]にチェックが入っていることを確認し❹、「同期」を[自動]にします❺。[OK]をクリックすると❻、自動でオーディオが動画の音声として同期します。

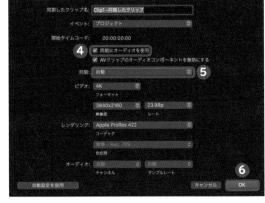

Check! **余白はトリム編集でカットする**

余白はタイムラインでトリム編集を行うとよいでしょう。Ⓣキーを押すと、[トリム]になります。

④ マーカーで同期する

マーカーを始点としてクリップを同期する場合、あらかじめ動画クリップに対してⓂキーを押して、マーカーを追加しておきます❼。この状態で再び音声クリップと同期していきますが、[同期にオーディオを使用]のチェックを外し❽、「同期」に[クリップの最初のマーカー]を指定します❾。[OK]をクリックすると❿、マーカーに対して音声が同期するようになります。

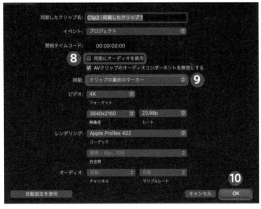

基本の編集

タイトル

カラーやエフェクト

オーディオ編集

イベント

YouTubeやSNS

Motion

Chapter 1　基本の編集テクニック　**021**

04 動画の上に画像を登場させる

商品紹介の動画などでは、クリップの上に画像を重ねることで補足情報を追加することができます。

1 画像を配置する

事前に準備した画像に対して「変形」から位置や大きさを変更していくことができます。また、クロップを使うことで画像の余分な箇所を切り抜くことも可能です。

1 クリップの上に画像を挿入する

画像を挿入する前に、クリップに対して M キーを押して、マーカーを追加しておくと画像を表示するタイミングがわかりやすくなります ❶。Macの「プレビュー」アプリから、事前に明るさやサイズを調整した画像をクリップの上に配置します ❷。

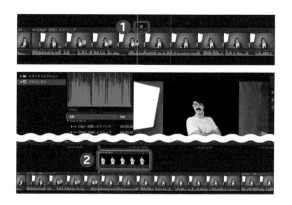

2 変形から位置とサイズを変更する

「ビデオインスペクタ」の「変形」にある「調整」の数値をドラッグして下げることで画像の大きさが小さくなります ❸。さらに、「位置」の「X」と「Y」の数値の上でドラッグすると数値が変更され ❹、画面左下に画像を配置することができます。

3 クロップで画像を切り抜く

「クロップ」の[表示]をクリックしてメニューを開き、「左」と「右」の数値を上げてトリムします❺。正方形の画像が縦長にトリムされます❻。

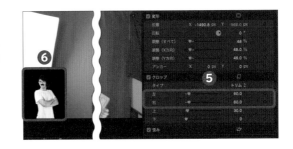

2 画像を登場させる

クリップに載せるだけだと、そのまま切り替わるように表示されます。今回はディゾルブのトランジションで複数の画像をゆっくり登場させてみましょう。

1 トランジションを加える

▨をクリックして❶、「トランジションブラウザ」を表示します。「トランジション」から[クロスディゾルブ]をドラッグ&ドロップ、もしくはダブルクリックして適用すると❷、画像がゆっくりと表示されるようになります。また、タイムライン上のトランジションの箇所へドラッグすると、切り替えるスピードを変更することができます❸。

> ### Check!　トランジションをデフォルトに指定する
>
> トランジションは右クリックからデフォルトに指定することができ、Command+T キーを押すことでいつでも指定したトランジションを追加できます。

2 クリップを複数重ねる

「タイトルとジェネレータ」からソフト内に準備されている素材を挿入することもできます。▨→[ジェネレータ]をクリックして❹、[ペーパー]の素材を画像クリップの下にドラッグして配置します❺。配置したペーパー素材は、再び「ビデオインスペクタ」の「変形」にある「位置」の「X」の数値をドラッグして動かし❻、写真の下に配置されるよう、トランジションを追加しておきます。また、「合成」の「不透明度」の数値を下げることで❼、追加したジェネレータを半透明にすることもできます❽。

基本の編集

タイトル

カラーやエフェクト

オーディオ編集

イベント

YouTubeやSNS

Motion

Technique

05

クロマキーで背景を合成する

テレビや映画などで使われる、背景を透過させる「クロマキー処理」を行っていきます。「クロマ」とは色成分のことで、「キー」とは主に切り抜くことを指します。

キーヤーで同じ色の箇所を切り抜く

「エフェクトブラウザ」から「キーヤー」をクリップに適用するだけで、自動的にグリーンバックを除去してくれます。細かい調整を行って背景と合成させていきましょう。

① 背景を挿入する

背景を透過させると、下に配置したクリップが代わりに表示されるようになります。まず、クリップの下に背景となる素材を挿入しておきましょう。背景素材をライブラリに読み込んで、ブラウザからタイムライン上にドラッグ&ドロップします❶。

☀️POINT

光の方向や強さ、色なども合わせておくと、より馴染みやすくなります。

② キーヤーを適用する

「エフェクトブラウザ」の検索欄で特定のエフェクト（ここでは「キー」）を入力して Enter キーを押すと❷、検索結果を表示させることができます。「エフェクト」から[キーヤー]を選択し、グリーンバックの素材にドラッグ&ドロップで適用すると❸、自動で緑の箇所が除去され、下に配置した背景素材が表示されるようになります。

3 サンプルカラーを指定する

「サンプルカラー」では範囲を指定することができます。「キーヤー」にある「キーを微調整」の［サンプルカラー］をクリックしたら ❹、抜きたい色の箇所をドラッグして選択しましょう ❺。サンプルカラーの範囲の大きさや強度によって、切り抜かれる度合いは変わってきます。

4 マットで調整する

「キーヤー」にある「表示」の▣をクリックして「マット」に変更すると ❻、白黒で切り抜かれているかどうかを色で確認できます。うまく切り抜かれていない場合は「穴を埋める」の数値バーを調整したり、「マットツール」からレベルを変更したりしていきましょう ❼。

☀ POINT

▣をクリックして、「コンポジット」の状態にすると合成結果を見ることができます。

5 エッジを調整する

細かい箇所を見たい場合は、ビューア上部にある［○○％］をクリックして、プルダウンメニューから任意の％（ここでは［200％］）を選択すると ❽、拡大することができます。「キーヤー」にある「キーを微調整」の［エッジ］をクリックすると ❾、髪の毛などのエッジの調整が可能です。抜きたい箇所と抜かない箇所をドラッグして指定し、その間のスライダーを動かすことで切り抜き具合を調整できます ❿。

6 マスクで余分な箇所を除去する

「エフェクトブラウザ」の検索欄で、特定のエフェクト（ここでは「マスク」）を入力して Enter キーを押します ⓫。「エフェクト」から［マスクを描画］を選択し、グリーンバックの素材にドラッグ＆ドロップで適用します ⓬。［ペンツール］が表示されるので、切り抜きたい箇所をドラッグして囲むと ⓭、切り抜くことができます。

基本の編集

タイトル

エフェクトやカラー

オーディオ編集

イベント

YouTubeやSNS

Motion

Technique 06 クリップをまとめたり分割したりする

複数のクリップを1つにまとめることで、1つのクリップとしてエフェクトやカラー補正ができ、効率的に編集作業を進めることができます。

1 複合クリップでまとめる

カット編集を行ったり、縦に重ねたクリップをまとめたりすることで、エフェクトの適用が一度で済んだり、カラー補正をまとめて行ったりできます。

1 新規複合クリップを作成する

編集の際には全体の流れを把握していると作業工程が少なく済みます。今回はカット編集を行い、まとめてエフェクトを適用します。複数のクリップを準備した状態ですべてのクリップを選択し、右クリックして[新規複合クリップ]を選択❶、もしくは Option + G キーを押します。「作成」画面が表示されるので「複合クリップ名」を入力して❷、[OK]をクリックします❸。

2 複合クリップの中身を編集する

1つにまとまった複合クリップの中身を変更したい場合は、クリップ左上の■をクリックするか、クリップ自体をダブルクリックします❹。中身を編集したら、■をクリックすると❺、元の画面に戻ることができます。

基本の編集

タイトル

エフェクトやカラー

オーディオ編集

イベント

YouTubeやSNS

Motion

Check! 複合クリップを解除する

複合クリップを解除したい場合はメニューバーの［クリップ］→［クリップ項目を分割］をクリックすることで解除することができます。

3 まとめてエフェクトを適用する

複合クリップに対してエフェクトを適用することで、全体にまとめてエフェクトが適用されます。同じような画面が続く場合は、複合クリップでまとめて、「エフェクト」から［キーヤー］や［マスクを描画］などを適用すると ⬡、編集を効率的に進めることができます。

2 クリップを分解して編集する

まとまったクリップを分解することで、音声だけ残して映像を切り替えたり、映像を非表示にして比較したりする際にも役立ちます。

1 音声を切り離す

複合クリップを右クリックし、［オーディオを切り離す］をクリックすると ❶、映像と音声のクリップを別々のクリップとして分解できます ❷。分解することにより、音声だけ伸ばしたり、音声を残して映像を切り替えたりすることもできるようになります。

2 クリップを非表示にする

複合クリップを右クリックし、［無効にする］をクリックするか ❸、Ⅴキーを押すことでクリップの表示・非表示を切り替えることができます。クリップをいったん非表示にすることで、削除せずともクリップがない状態を確認できます ❹。

07 プロキシメディアで 快適に動画を編集する

事前に「プロキシ」という代替ファイルを作成することで、4Kのようなサイズの大きい映像でも、快適に編集しやすくなります。

編集用にプロキシを作成する

メディアを読み込む前にプロキシを作成しておくと、サイズが軽い状態から編集作業を始めることができます。

1 50%のサイズにする

メニューバーの［ファイル］→［読み込む］→「メディア」を選択するか❶、Command＋Iキーを押して「読み込み」画面を開きます。［プロキシメディアを作成］をクリックしてチェックを入れ❷、「フレームサイズ」を［50%］にし❸、［選択した項目を読み込む］をクリックすると❹、50%のサイズでプロキシメディアが作成されます。

2 プロキシで編集を行う

ビューアの［表示］→［プロキシ優先］か［プロキシのみ］をクリックすると❺、小さいサイズのプロキシメディアに置き換わるため、編集作業が快適に進みます。

POINT

4K映像などを使用する場合でも、通常ファイルと同じくらいの負荷で編集することが可能です。

③ 動画を書き出す

Command + E キーを押すと、「書き出し」画面へ移行しますが、プロキシメディアのまま書き出そうとすると画質が低い状態で書き出されてしまいます ❻。そのため、編集が終わった際に、ビューアの[表示]→[最適化/オリジナル]をクリックして ❼、元に戻しておくと、画質を損なわずに書き出すことが可能です。

④ 挿入したファイルをプロキシにする

すでにファイルを読み込んでいる場合は、プロキシメディアに変換したいファイルをドラッグして選択し ❽、メニューバーの[ファイル]→[メディアをトランスコード]をクリックすると ❾、P.28手順 ① と同様の手順でプロキシメディアを作成することができます ❿。

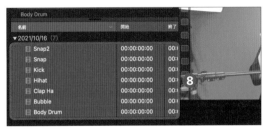

⑤ プロキシファイルを削除する

作成されたプロキシファイルはMacに蓄積されていきます。Finderを表示して[Final Cut Pro Library]を右クリックし、[パッケージの内容を表示]をクリックします ⓫ 。イベントの「Proxy Media」からプロキシメディアとして作成されたファイルを見ることができます ⓬。

☼ POINT

ファイルが増えると Mac の容量が圧迫されるため、編集が終わったらファイルは削除しておきましょう。

基本の編集

タイトル

カラーやエフェクト

オーディオ編集

イベント

YouTubeやSNS

Motion

Technique 08

バラエティ番組風のワイプ

バラエティ番組やYouTubeなどでよく見かける、リアクション動画を作る際に使えるワイプを作成してみましょう。

1 2つの映像を配置する

映像を挿入する際に、ワイプには枠を作ることで別画面として切り分けることができます。

1 映像クリップを挿入する

元となる映像クリップの上にリアクションを撮影した映像を挿入します。そのまま撮影してもよいですが、今回は背景画像の上にクロマキー処理 (P.24参照) を行った映像を挿入します。2つの映像を選択した状態❶で右クリックして [新規複合クリップ] を選択❷、もしくは Option + G キーを押して、新規複合クリップとしてまとめておきます。

2 画面を配置する

ワイプとして表示する映像クリップの「ビデオインスペクタ」の「変形」にある「調整」の数値を下げて、画面サイズを小さくします❸。また、「位置」の「X」と「Y」の数値をドラッグして動かし❹、下に配置した映像の邪魔にならない箇所に配置していきます。

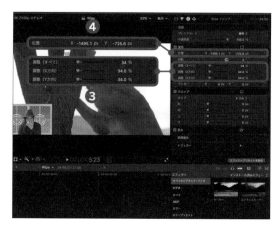

:ᄋ:POINT

人物のリアクション画面を大きくして、視聴する映像を小さくしてもよいでしょう。

2 枠線を配置する

リアクション動画を何本も作る場合、枠線を作成しておくことで定位置に動画を配置することができるため、テンプレートとしておなじみの動画を提供できるようになります。

1 枠線の素材を挿入する

枠線の素材をライブラリに読み込んで、タイムライン上にドラッグし ❶、映像の上に挿入します。「変形」にある「調整」、ここでは（X方向）と（Y方向）の数値を変更すると ❷、枠のサイズを変えることができます。

:bulb:POINT

枠線の PNG 素材をあらかじめ作っておくと、映像の上に挿入するだけで枠組みを作ることができます。本書 DL 特典にいくつかありますのでご活用ください。

2 ジェネレータを挿入する

枠線を自作するために :frame:→［ジェネレータ］をクリックし ❸、［にじみ］の素材を映像クリップの上にドラッグして配置します ❹。「ビデオインスペクタ」の「変形」にある「位置」や「調整」の数値を変更し ❺、映像の上を覆うように位置やサイズを変更しておきましょう。

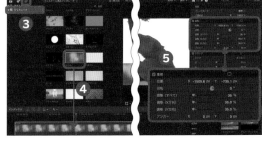

3 中窓を作る

「エフェクト」から［シェイプマスク］を選択し、挿入したジェネレータにドラッグ＆ドロップして適用します ❻。「ぼかし」と「湾曲」の数値を「0」にして ❼、［マスクを反転］をクリックしてチェックを入れることでジェネレータをくり抜くことができます ❽。

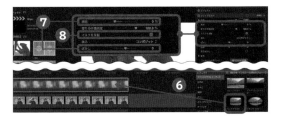

4 クロップを行う

「クロップ」では、四方向にトリムすることができます ❾。ジェネレータや下に配置した映像などがはみ出たり、バランスが悪かったりする箇所はここからトリムしましょう。

Check! ドロップシャドウをつける

ジェネレータに、「エフェクト」から［ドロップシャドウ］を適用すると、影を落として、枠を立体に見せることができます。不透明度や影の方向なども合わせて調整しておきましょう。

基本の編集

タイトル

カラーやエフェクト

オーディオ編集

イベント

YouTubeやSNS

Motion

ブレンドモードの明暗で合成する

複数のクリップを合成する手法として、ブレンドモードがあります。明るさや色に応じて重ねることで印象が大きく変わります。

1 合成結果を暗くする

「減算」「暗く」「乗算」「カラーバーン」「リニアバーン」は合成結果を暗くするブレンドモードです。

■ 乗算で暗い箇所を掛け合わせる

「ビデオインスペクタ」の「合成」にある「ブレンドモード」から現在のモード（ここでは [標準]）をクリックすると❶、合成のメニューが表示されます。白い背景にシルエットのクリップに対して、[乗算] をクリックして適用します❷。明るい部分が取り除かれ暗い部分が掛け合わされます。

■ 減算でRGBを引く

白はRGBで表すと「R=255, G=255, B=255」ですが、背景が白い画像の場合、「ブレンドモード」で [減算] をクリックして適用すると❸、元の映像から白の数値が引かれ、RGBの数値は「0」、つまり黒になります。一方で黒のRGBは「R=0, G=0, B=0」のようにすべて「0」なので、元の映像の色が残り、黒い箇所だけくり抜かれます。

2 合成結果を明るくする

「加算」「明るく」「スクリーン」「カラードッジ」「リニアドッジ」は合成結果を明るくするブレンドモードです。

1 黒背景を除去する

背景が暗い映像クリップをドラッグ＆ドロップでタイムライン上に配置して❶、「ブレンドモード」で[加算]をクリックして選択すると❷、下のレイヤーに色が明るく足されます。

☀️POINT

同様に[スクリーン]をクリックすると、「乗算」と反対の効果があるため、明るい色を掛け合わせる合成ができます。

2 複製したクリップを明るくする

Option キーを押しながら映像クリップをタイムライン上でドラッグして複製します❸。複製したクリップに対して、「エフェクト」の[ブラー]→[ガウス]を選択し❹、ドラッグ＆ドロップで適用します。ブラーを適用したクリップの「ブレンドモード」を[スクリーン]に変更すると❺、映像の明るい箇所が掛け合わされ、淡いフィルターのような効果を作ることができます。

☀️POINT

明るすぎる場合は、「合成」にある「不透明度」の数値を下げるとよいでしょう。

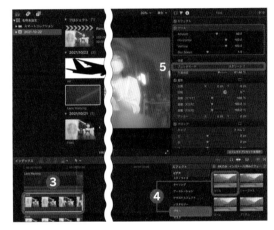

3 明暗を同時に合成する

「オーバーレイ」「ソフトライト」「ハードライト」「ビビッドライト」「リニアライト」「ピンライト」「ハードミックス」は明るい部分は明るく、暗い部分は暗く、色の濃度に応じて合成するブレンドモードです。

1 オーバーレイを適用する

「ブレンドモード」のメニューを開き、[オーバーレイ]をクリックします❶。オーバーレイでは明るい部分は「スクリーン」、暗い部分は「乗算」としての効果を持つため、どちらの部分にも色が重なるようになります。

基本の編集

タイトル

カラーやエフェクト

オーディオ編集

イベント

YouTubeやSNS

Motion

Technique

10

手ぶれを補正する

手持ちで撮影した映像はどうしても揺れてしまいますが、手ぶれ補正機能を使用することで、ある程度の揺れを抑えることができます。

チェックを入れて微調整する

Final Cut Proで手ぶれを補正するには、チェックを入れるだけです。また、数値を微調整することで滑らか度合いなども変化します。

■ 手ぶれ補正にチェックを入れる

揺れのある映像クリップをタイムラインに配置し、「ビデオインスペクタ」にある [手ぶれ補正] をクリックしてチェックを入れます ❶。

☀ POINT

これだけでも画面の揺れを抑えることはできますが、こんにゃく現象（Jello Effect）によって画面に歪みが生じることがあるため、ジンバルや三脚などでカメラを揺らさないように撮影することが一番大切です。

② 手ぶれ補正の数値を調整する

手ぶれ補正を適用すると、画面が拡大されるため映像がクロップされます。そこで「手ぶれ補正」の右端にマウスポインターを合わせて [表示] をクリックし、「変換（スムーズ）」などの数値を下げることで拡大を抑えることができます ❷。

3 手ぶれ補正の方法を設定する

手ぶれ補正の「方法」で［IntertiaCam］を選択すると強力な補正が可能になりますが、歪みも大きくなります。［SmoothCam］を選択すると❸、「変換（スムーズ）」「回転（スムーズ）」「調整（スムーズ）」を組み合わせて補正してくれます。

☀️POINT

「方法」で［自動］を選択しておくと、「IntertiaCam」と「SmoothCam」のいずれかを自動的に選択してくれます。

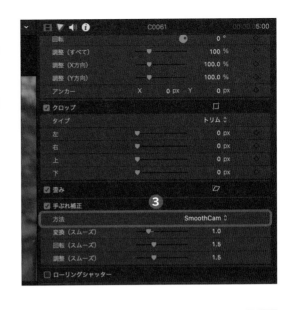

4 三脚のように固定する

「手ぶれ補正」にある［三脚モード］をクリックしてチェックを入れると❹、固定した三脚で撮影したかのような映像を作ることができます。この場合も歪みが発生することがあるため、三脚を使うことが一番でしょう。

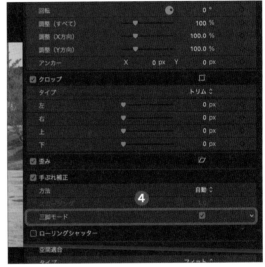

5 ローリングシャッターの歪みを抑える

画像を一度に撮影するグローバルシャッターとは違い、ローリングシャッターで撮影されたものは上からスキャンをするように撮影されるため、速いものなどは歪みが発生しやすくなります。［ローリングシャッター］にチェックを入れたら❺、右端にマウスポインターを合わせて［表示］をクリックします。「量」の現在の設定から任意の項目（ここでは［低］）をクリックすると❻、ある程度の歪みを抑えることができます。

☀️POINT

グローバルシャッターとローリングシャッターでは画像の取得方式が異なります。グローバルシャッターは画像を一度に取得する方式です。一方、ローリングシャッターは垂直および水平方向へと徐々に画像を取得します。

Technique

11

速度変化を作り出す

スポーツなど動きのある映像に対して、通常の速度からスローモーションに変化
させたり、静止画を切り出したりする演出を学んでいきましょう。

1 スローモーションを使う

リタイミング機能を使い、速度に緩急をつけることで、印象に残したいシーンを強調することができます。

◼ 速度を遅くする

映像の速度を変更する際には、fps（フレームパーセカ
ンド）を意識します。映画などでは24fpsで撮影されて
いますが、スポーツでは60fpsで撮影することで2.5倍
のスローにすることができます。映像クリップ（ここで
は「Clip」という素材を使用）を挿入し、🕐 ∨ →[遅く]
→[50%]をクリックすると ❶、半分の速度で再生され
るようになります。

◼ 映像をスムーズにする

fpsが低い映像は、再生速度を遅くすることでカクカク
した動きをするようになります。カクカクした映像は
🕐 ∨ →[ビデオの品質]をクリックし、[フレームの合成]
または[オプティカルフロー]を選択すると ❷、フレー
ムの残像が作成され、滑らかに見えるようになります。

💡POINT

fps（frame per second）とは、フレームレートの
ことで1秒間の動画が何枚の画像でできているか示
す単位です。60fpsは、1秒間に60フレーム（枚）
で記録されることを表します。

2 段階的に速度を変化させる

速度を段階的に変化させることで映像に緩急を生み出すことができます。アニメやアクション映画などでは衝撃のインパクトを出すため、着目してほしい瞬間にスローモーションを使うことがあります。

▓ ブレード速度を使う

映像クリップ（ここでは「Clip2」を使用）を挿入し、Shift + B キーを押して「ブレード速度」を使うと、速度を示すリタイミングエディタを分けることができます❶。今回は、4倍のスローモーション映像素材を使用しているため「400%」まで速度を上げることで通常速度にできます。

:Ö: POINT

Command + R キーを押すと速度を表示させることができます。

▓ 別々に速度を変更する

ブレード速度で分けたリタイミングエディタは、別々に速度を変更することができます。冒頭部分を「400%」の通常速度にするためには、リタイミングエディタの ✓ をクリックして、[速く] → [4x] をクリックします❷。同様の手順で、後半部分は ✓ → [カスタム] をクリックし、「速度を設定」の [レート] にチェックを入れ、「75」と入力して Enter キーを押し、「75%」にします❸。そうすることで冒頭以外は時間がゆっくりと流れ、緩急を作り出すことができます。

▓ 静止画を挿入する

⌖ → [静止] を選択するか❹、Shift + H キーを押すことで、クリップの途中に静止画を挿入することができます❺。

:Ö: POINT

映像が停止した際に、テロップや名前などの文字要素を挿入してもよいかもしれません。

基本の編集

タイトル

カラーやエフェクト

オーディオ編集

イベント

YouTubeやSNS

Motion

Technique 12

逆再生動画を作る

映像を逆再生するテクニックです。インパクトのあるシーンを生み出すことができます。

1 クリップを逆向きに再生する

前準備として、逆再生用に撮影した素材を確認する作業をしていきましょう。逆再生は均一の速度でなく、手動で遅くしたり速くしたりカスタムすることも可能です。

▋ 逆再生でプレビューを行う

カメラで撮影したあとは逆再生での確認が難しいため、編集ソフトに入れるまでミステイクに気づかない場合があります。いくつかクリップを撮影したら、ブラウザで確認したいクリップを選択し、Jキーを押すことで❶、ビューアで逆再生してすばやく確認することができます。

POINT

Jキーを2回押すと二倍速で逆再生できます。

▋ クリップを逆再生する

タイムラインにドラッグ＆ドロップでクリップを挿入し、→［クリップを逆再生］を選択すると逆再生することができます❷。逆再生にしたクリップは「標準の逆再生（-100%）」と表示されますが、をクリックしてメニューを開くと［遅く逆再生］や［速く逆再生］などスピードを選択することができます❸。

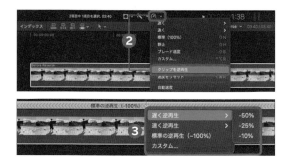

3 部分的に速度を変える

クリップの速度を途中で遅くしたい場合は、⌈Shift⌋＋⌊B⌋キーを押すか、⚙ ⌄ →［ブレード速度］をクリックすると❹、クリップを分けて速度を変更することができます。クリップを伸ばすことで上部がオレンジ色に変わって遅くなり、クリップを縮めることで青に変わって速く再生されるようになります。また、グレーのトランジションで速度の切り替わりを調整することも可能です❺。

2 逆再生→再生をくり返す

「スターどっきり」などでも有名な、面白いシーンや見てほしいシーンを再生→逆再生のようにくり返す演出を作ってみます。TikTokなどでも使われている演出方法です。

1 くり返したいシーンをカットする

リピートしたいシーンを⌈Command⌋＋⌊B⌋キーを押してカットしておきます❶。このときに動きの「緩急」を見極め、「緩（動きが少し）」のところでカットしておくと「急（大きい動き）」がくり返され、面白い演出になります。

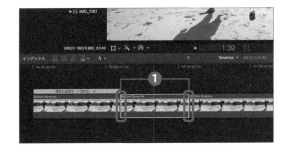

2 クリップを逆再生、標準に戻す

切り抜いたクリップは⌈Option⌋キーを押しながらドラッグすると複製されるので、合計で奇数になるように複製しておきましょう❷。クリップの速度の ⌄ →［カスタム］を選択し❸、間のクリップの「方向」で［正方向］、もしくは［逆再生］にチェック入れることで❹、再生する方向を変更することができます。

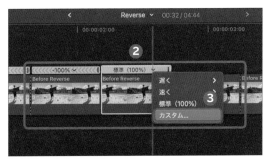

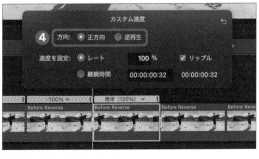

☀️POINT

複製クリップの数を奇数にすることで、映像が途切れずスムーズに再生されます。

基本の編集

タイトル

エフェクトやカラー

オーディオ編集

イベント

YouTubeやSNS

Motion

Technique 13

景色をハイパーラプス動画で見せる

カメラを移動させ、早送りにすることで高速で移動しているように見せる「ハイパーラプス動画」を作ることができます。

画面の端にだけブラーを作る

ハイパーラプスなど動きの速さを表現するために、残像やモーションブラーと呼ばれるブレを作ることでダイナミックな演出をすることができます。

1 クリップの速度を分ける

前準備としてまっすぐ歩いた映像や、電車に乗った正面映像を挿入します。[Command]+[R]キーを押して、速度を変更してもよいですが、今回は徐々にスピードを上げる映像を作ります。[Shift]+[B]キーを押して「ブレード速度」を使い❶、速度を前半と後半で分けておきます。

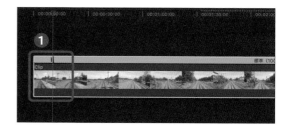

2 速度を上げる

後半のクリップのハンドルを縮めることで速度を上げることができます❷。クリップが長いほど速度を上げたときにダイナミックに見えるようになります。また、もう一度[Shift]+[B]キーを押して、速度の区切りを作り❸、最後に通常のスピードに戻してもよいかもしれません。

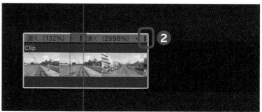

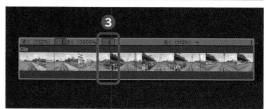

③ 速度を徐々に上げる

速度を徐々に上げる場合は、速度の区切りにあるバーを
ドラッグして広げることで速度が緩やかに切り替わりま
す④。今回は「ゆっくり」から「早送り」へと切り替わる
ため、徐々にスピードが上がるようになります。

④ ズームを適用する

速度に勢いをつけるためにブレを作ります。「エフェク
ト」から［ブラー］→［ズーム］を選択し⑤、クリップに
ドラッグ＆ドロップして適用します。「ビデオインスペ
クタ」の「ズーム」にある「Look」を［可変］にして、
「Amount」でブラーの量を調整します⑥。

☼ POINT

「Look」を［可変］に設定することで、ブラーが端に
向かって増加するようになります。

⑤ キーフレームを打つ

キーフレームを打つことで現在の地点での数値を保持す
ることができます。「Amount」の右端にマウスポイン
ターを合わせると◈が表示されるのでクリックします。
この地点でのブラーの量「6.0」という数値が保持され、
◆が表示されます⑦。

⑥ キーフレームを「0」にする

冒頭の速度が遅い箇所でキーフレームの数値を「0」にし
ます⑧。「0」から先ほど保持されたキーフレーム「6.0」
に向かって徐々にズームのブラーの量が上がるキーフ
レームアニメーションができます。

14

複数のカメラ映像は
マルチカムクリップで編集する

複数のカメラで同時に撮影した場合、マルチカムクリップにします。音声やマーカーを使用することで簡単にクリップを切り替える編集を行うことができます。

新規マルチカムクリップを作る

新規マルチカムクリップを作成することで、音声やマーカーで複数のクリップを同時に編集することができるようになります。

1 新規マルチカムクリップを作成する

ライブラリ内のまとめたいクリップを選択し、右クリック→［新規マルチカムクリップ］をクリックします❶。

2 音声で同期する

同じ音声を使っている場合は、［同期にオーディオを使用］にチェックを入れて❷、［OK］をクリックすると❸、自動的に音声で同期されたマルチカムクリップが作成されます。

💡POINT

必要に応じて、「マルチカムクリップ名」を入力しておきましょう。

③ マーカーを使って同期する

カチンコなど映像内の特定の動作で同期をする場合は、プロジェクト内のクリップを選択し、Mキーを押してマーカーを作成しておきます❹。右クリック→［新規マルチカムクリップ］→［カスタム設定を使用］をクリックします❺。「アングルの同期」で［アングルの最初のマーカー］を選択し❻、［OK］をクリックすると❼、マーカーで同期されたマルチカムクリップを作成することができます。

④ マルチカムクリップをタイムラインに挿入する

マルチカムクリップを作成したら、プロジェクト内に作成されたマルチカムクリップをタイムラインにドラッグ＆ドロップして挿入します❽。ビューア上部にある［表示］→［アングル］を選択するか❾、Command + Shift + 7キーを押すことで「アングルビューア」が表示されます。

⑤ カメラを切り替える

▶をクリックして再生すると❿、アングルビューア内のクリップを選択することでカメラを切り替えることができます⓫。この際にタイムライン内のクリップはカットされるようになります。

POINT

アングルビューア内の［設定］をクリックするとアングルの数を変更できます。

⑥ 調整を行う

カメラが切り替わる際にオーディオも切り替わるため、切り替わる箇所で右クリック→［オーディオを切り離す］を選択します⓬。別に収録した音声を使用するなどして統一させるとよいでしょう。

基本の編集

タイトル

エフェクトやカラー

オーディオ編集

イベント

YouTubeやSNS

Motion

Technique

15

映像をクロップして画面を分割する

複数のシーンを同じ画面内で同時に見せることで、複数の情報を合わせて視聴者に見せることができます。

1　枠に合わせて映像をクロップする

ジェネレータをクロップすることで枠組みを作成し、その枠組みに合わせてクリップを切り抜くことで、分割した画面を作り出すことができます。

1 ジェネレータを挿入する

→ [ジェネレータ] をクリックして ❶、[カスタム] を選び、ドラッグ＆ドロップしてクリップの上に配置しておきます ❷。　をクリックして「ジェネレータインスペクタ」を表示すると、「Color」から色を変更することもできます ❸。

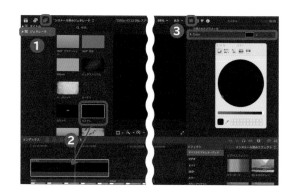

2 クロップ＆フェザーで縦線を作る

「エフェクト」から [クロップ＆フェザー] を選択し ❹、追加したジェネレータに対してドラッグ＆ドロップで適用します。　をクリックして「ビデオインスペクタ」を表示したら、「クロップ＆フェザー」で「Height」の数値バーを動かして黒い線を画面いっぱいまで伸ばし、「Width」を「1.0」に設定すると ❺、細長い縦線ができ上がります。

3 クリップを合わせる

線を中心にして、左半分と右半分それぞれにクリップの
見せたい箇所が配置されるよう合わせていきます。右半
分に見せたいクリップを選択し、挿入したジェネレータ
の下に配置します❻。右半分のクリップを選択し、「ビ
デオインスペクタ」の「変形」にある「位置」の「X」や
「Y」を調整します❼。

4 クリップをクロップする

上に配置したクリップに対し、再び「エフェクト」から
[クロップ＆フェザー]を適用し❽、切り抜いていきま
す。切り抜く中心を変えたい場合は「クロップ＆フェ
ザー」の「Position」の数値をドラッグして動かすこと
で中心の縦線に合わせて切り抜くことができます❾。

2 斜めに切り抜く

縦線だけでなく斜めに枠を配置することで、おしゃれな画面分割バリエーションを作ることができます。

1 斜めに枠線を配置する

斜めに枠線を配置する場合は縦線の長さが短いため、
P.44手順❷とは反対に、「クロップ＆フェザー」の
「Width」の数値を大きくし、「Height」の数値を「1.0」
に設定します❶。さらにジェネレータの「変形」にある
「回転」を「70°」にしておき、今回は画面を三分割する
ので画面の横サイズを「640」（1920÷3＝640）とし
て「位置」の「X」を設定します❷。

2 シェイプマスクでクロップする

斜めの画面の切り抜きはマスクで行うことができます。
「エフェクト」から[シェイプマスク]を適用し❸、「シェ
イプマスク」の「ぼかし」と「湾曲」はそれぞれ「0」にし
ておきます❹。プレビュー画面の緑のハンドルを動かす
と❺、マスクを回転させたり大きさを変えたりすること
ができるので、斜めに作った枠線に合わせてマスクを
切っていきましょう。

3 外枠を作る

外枠を作る場合もジェネレータに[シェイプマスク]を
適用していきます❻。「ぼかし」と「湾曲」の数値を「0」
にした状態で、[マスクを反転]にチェックを入れると
❼、マスクが反転し外枠のみが表示されるようになりま
す。外枠は好きなサイズに調整しておきましょう。

基本の編集

タイトル

エフェクト
カラーや

オーディオ編集

イベント

YouTubeやSNS

Motion

16 ズームを使った画面切り替え

人物や被写体の画面切り替えを行う際に、遠くから近くへとズームで切り替えると勢いのある映像になります。Vlogや結婚式動画に使いやすい視覚効果です。

寄りのシーンを合わせる

遠くから撮影した映像をキーフレームで拡大するアニメーションを作り、別に撮影した寄りのシーンへと切り替えます。また反対に、寄りのシーンから一気にズームアウトすることも可能です。

◼ アンカーポイントを合わせる

「アンカーポイント」とは「回転」や「調整」などの動きの中心となる点のことです❶。今回は被写体の顔にズームアップするため、ビューアの下にある▾→［変形］をクリックしてオンにし❷、アンカーポイントが顔の位置に来るように「アンカー」の数値をドラッグして調整します❸。「アンカー」をずらすと画面がズレるため、「位置」に「アンカー」と同じ数値を入力して画面の位置を元に戻しておきましょう❹。

◼ キーフレームで拡大する

上下方向キーでクリップの境目にカーソルを移動させ、 Shift + ← キーを押して、左に10フレームのところにカーソルを置きます❺。「ビデオインスペクタ」の「変形」にある「調整」に対してキーフレームを打ち、最後のフレームで人物が十分に拡大されるまで「調整」の数値を上げて❻、ズームアップされるキーフレームアニメーションを作成します。

3 2つ目のクリップを重ねる

次のクリップを選択して「合成」の「不透明度」を下げておき、拡大したクリップの上に重ねます **⑦**。

:ᕯ:POINT

透明にしたクリップを参考にクリップを拡大すると切り替わりが自然になります。

4 ズームのエフェクトを使う

「エフェクト」から［ブラー］→［ズーム］を選択して **⑧**、最初のクリップに適用します。「ズーム」の「Look」を［可変］にしておき **⑨**、「Center」を「アンカーポイント」の付近に設定することで **⑩**、拡大する勢いを表現できます。

5 ズームにキーフレームを打つ

「ズーム」の「Amount」にキーフレームを打っておき **⑪**、「Amount」の数値が「0」から増えるようにキーフレームの数値を上げていきます。そうすることで画面が拡大するとともに、「ズーム」のエフェクトの適用量も上がります。

6 反対のエフェクトを作る

2つ目のクリップでは、1つ目とは反対に「ズーム」の「Amount」の数値が「0」になるようにキーフレームを打ち **⑫**、ズームの勢いが収まり、最終的に見せたいシーンで止まるようにします。

基本の編集

タイトル

カラーやエフェクト

オーディオ編集

イベント

YouTubeやSNS

Motion

17 ビデオコンテを作る

撮影前にコンテを準備しておくと、現場で悩まず撮影できます。ビデオコンテは
秒数や音楽などが感覚的にわかるため、アニメや映画業界でよく使われます。

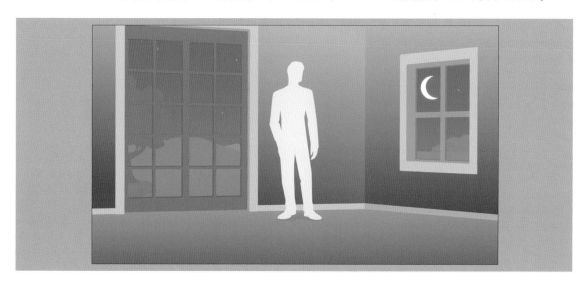

1 プレースホルダを活用する

絵を描くことが苦手でも、プレースホルダを活用することで擬似的に全体の構成を組み合わせていくことができます。

1 プレースホルダを挿入する

🔲→［ジェネレータ］をクリックして ❶、［プレースホル
ダ］を選び、ドラッグ＆ドロップしてタイムラインに挿
入します ❷。ここから擬似的に撮影予定のショットを設
定することができます。

2 ショットを変更する

🔲をクリックして、「ジェネレータインスペクタ」を表示
すると、「公開されたパラメータ」から画面を変更するこ
とができます ❸。「Framing」では被写体との距離を設
定できます。「People」では映す人物の人数を指定し、
「Gender」では性別を変更することができます。
「Background」で背景を、「Sky」から空模様を変更で
き、「Interior」にチェックを入れると室内にすることも
可能です。

3 シーンの説明を入れる

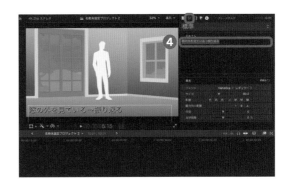

■をクリックして「テキストインスペクタ」を表示すると、シーンの台詞や説明をテキストとして入力することができます **4**。

:Ö:POINT

タイムラインのクリップの長さを調整すれば、そのシーンにどのくらいの時間が使われるかを感覚的に伝えることも可能です。

Check! **音楽を挿入する**

ビデオコンテでは、音楽や効果音なども挿入できる点が、ほかのコンテとの違いです。仮にでも音楽や効果音を入れておくと雰囲気が伝わりやすくなります。音声クリップの挿入の仕方については Chapter 4 で詳しく解説しています。

---

2 KeynoteとiMovieを使う

無料ソフトのKeynoteやiMovieを使うことで、ビデオコンテの自由度をさらに上げることができます。

1 Keynoteの図形を使う

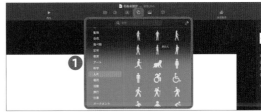

Keynoteの「図形」には人物などさまざまなシルエット素材が準備されています **1**。これらを並べておき、メニューバーの［ファイル］→［書き出す］→［イメージ］をクリックすると **2**、画像セットとして書き出すことができます。

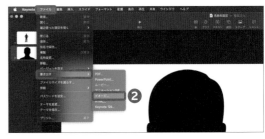

2 iMovieの予告編を使う

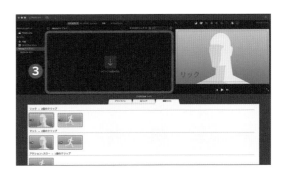

iMovieの予告編では、あらかじめ準備された絵コンテ（iMovieにデフォルトで備わってるテンプレート）を使うことができます。iMovieの「メディアを読み込む」にメディアをドラッグ＆ドロップすることで **3**、絵コンテを作成できます。

基本の編集

タイトル

カラーやエフェクト

オーディオ編集

イベント

YouTubeやSNS

Motion

Technique 18 マスクを使った異空間の演出

ドアを通り過ぎたら違う空間に移動するような演出です。映像をつなぎ合わせる「マスク」の使い方に慣れると、作れる映像の幅も広がります。

1 固定カメラで景色を切り抜く

カメラを固定することでマスクを切ったときにシーンを重ねやすくできるため、編集が楽になります。ドアを通ったときに人物が消えるようにしていきましょう。

1 ドアの前の空間を空ける

画面中央のドアを右から左へ通る映像の場合、ドアの左側だけ背景が映っているように空間を空けておきましょう❶。このクリップを使うため [Command] + [B] キーを押して、カットしておきます❷。

2 空きスペースのクリップを静止する

映像クリップ内の背景 (草木や旗など) は動いているため、🌀 ↓ → [静止] をクリックして❸、静止させます。静止したクリップは写真と同様に編集が可能です。

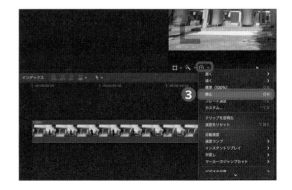

3 マスクを切る

静止したクリップをドアを通るクリップの上に配置し
❹、「エフェクト」から［マスクを描画］を適用します❺。
ドアの左側を［ペンツール］で囲むことでその部分を切
り抜くことができます❻。

☀ POINT

切り抜く際にドアの縦線や柱などに沿って切るとマ
スクの境目が目立たなくなります。

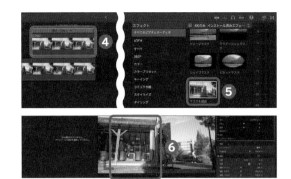

2 動くクリップにマスクを切る

手持ちのカメラを使う際にもマスクを切ることができますが、その場合はマスクも動画とともに動かす必要があります。

1 「マスクを描画」を適用する

ドアを開けるシーンが始まるところで Command ＋ B キー
を押して、クリップをカットします❶。ここに「エフェ
クト」から［マスクを描画］を適用します❷。

2 ドアに対してマスクを切る

ドアの中の景色を［ペンツール］で囲んでいきます❸。
「マスクを描画」にある［マスクを反転］にチェックを入
れると❹、囲んだ箇所が反転して黒く表示されるように
なります。今回はレンズのボケが加わっているため「ぼ
かし」の数値を上げることでエッジがぼかされて切り抜
かれるようにします❺。マスクを動かすために「コント
ロールポイント」のキーフレームにチェックを入れてお
きましょう❻。

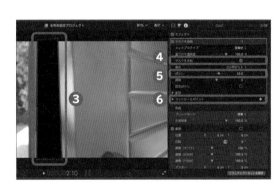

3 キーフレームを打つ

クリップに対して右クリック→［ビデオアニメーション
を表示］をクリックすることで❼、キーフレームを打っ
た箇所をクリップ上に表示することができます。先端に
2点キーフレームを打っておいてから❽、2点の間に
キーフレームを打つことによって効率よく編集を行うこ
とができます。

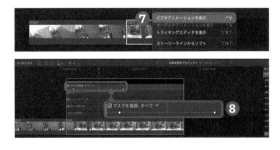

4 別のクリップを挿入する

マスクを切ったクリップの下に別のクリップを挿入しま
す❾。このときにカメラの動きをなるべく合わせていき
ますが、合わない場合は「位置」にキーフレームを打っ
ておき、動きが合うように動かしてみましょう❿。ま
た、レンズのボケがある場合は下のクリップに対して
「エフェクト」から［ブラー］→［ガウス］を適用すること
で⓫、なじむことがあります。

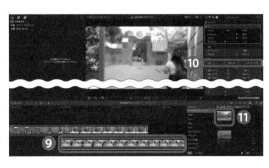

基本の編集

タイトル

エフェクト
や
カラー

オーディオ編集

イベント

YouTubeやSNS

Motion

19 横にスライドするトランジション

16：9などの横に長い映像の場合は、横の動きを広く見せることができます。スライドするトランジションを適用すればダイナミックな演出になります。

1　スライドでトランジションを2回行う

トランジションのスライドを使うことで映像クリップをスライドさせることができますが、クリップを分割することで前ボケを使ったようなスライドトランジションを作ることが可能です。

■ クリップを分割する

2つの映像クリップ（ここでは「Clip」と「Clip2」を使用）を挿入し、切り替え前のクリップを4フレームほど残した状態で、[Command]＋[B]キーを押してカットします❶。

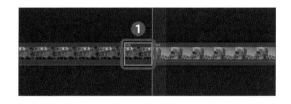

■ スライドを適用する

⊠をクリックして❷、「トランジションブラウザ」を表示します。[スライド]をドラッグ＆ドロップでカットしたクリップに適用します❸。適用したトランジションはなるべく早く切り替わるようにトランジションの長さを短くしておきます❹。

■ スライドで切り替える

カットしたクリップと次に来るクリップの間に再び[スライド]を適用します❺。一度画面内に映像がスライドしたあとに、もう一度スライドして次のシーンに切り替わるようになります。

2 手動でスライドトランジションを作る

トランジションはエフェクトを組み合わせて、手動でも作ることができます。手動で作ると自由度は高くなります。

1 クリップをカットする

2つの映像クリップ（ここでは「Clip3」と「Clip4」を使用）を挿入し、Command + B キー押して、切り替え前と切り替え後のクリップをそれぞれ4フレームずつカットして分けておきます❶。

2 タイルを適用する

「エフェクト」から［タイリング］→［タイル］を選択し❷、クリップにドラッグ＆ドロップして適用することで、画面が9つに分割されます。なお、「ビデオインスペクタ」の「変形」にある「調整（すべて）」を「300%」にすると❸、画面が3倍に拡大され、元の大きさに戻ります。

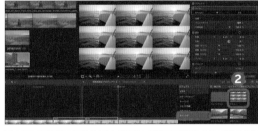

3 位置のキーフレームアニメーションを作る

クリップの始まりに対して「位置」のキーフレームを入れておきます❹。クリップの終わりで「位置」の「X」をマイナス方向に動かして横に移動させます❺。同様にシーンが切り替わったあとのクリップでは、クリップの終わりにキーフレームを入れ、クリップの始まりで「X」の数値を上げて❻、切り替え前のクリップと同じ方向にクリップが動くようにします。

4 クリップをつなげる

切り替え前と切り替え後のクリップをそれぞれ真ん中で Command + B キーでカットします❼。切り替わる中央の2つを削除することで勢いよくスライドして次のシーンに切り替わるようになります。

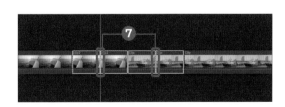

5 方向ブラーを加える

位置を動かした2つのクリップを Option + G キーを押して、新規複合クリップを作成します。クリップに対して「エフェクト」から［ブラー］→［方向］を適用して❽、「方向」から、中心で「Amount」の数値が大きくなるキーフレームアニメーションを作ることで❾、勢いよくスライドするトランジションを作ることができます。

基本の編集

タイトル

エフェクトやカラー

オーディオ編集

イベント

YouTubeやSNS

Motion

Technique 20

ドリーズームを作る

不安や緊張感、非現実的なシーンを作るために、サスペンスドラマなどでよく見る「めまいショット」と呼ばれる「ドリーズーム」を編集で作っていきます。

1　ドリーインとドリーアウトを合わせる

前準備としてドリーイン、つまりカメラが被写体に向かっていく映像を挿入し、そこにドリーアウトするように調整していきます。

1 映像を挿入する

カメラを被写体に向かって動かすショットを「ドリーイン」、反対に被写体から遠ざかるショットを「ドリーアウト」といいます。手持ちカメラで撮影する場合は揺れが発生するため [手ぶれ補正] のチェックを入れてクリップの動きを滑らかにしておきます ❶。

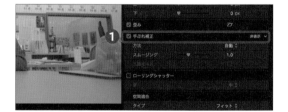

2 ズームの箇所でキーフレームを入れる

クリップの中で最大にズームされている箇所に「ビデオインスペクタ」の「変形」にある「調整」と「位置」のキーフレームを入れておきます ❷。今回はズームインの映像なのでクリップの一番最後にキーフレームを入れています ❸。

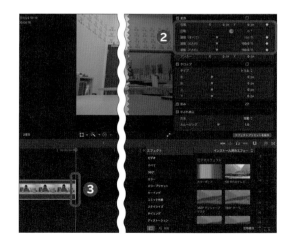

3 被写体の大きさを一定にする

ドリーショットのコツは、常に被写体の大きさを一定にすることです。ここではクリップの最初で被写体が遠くに離れているため「変形」の「調整」でサイズを大きくしておき、「位置」で常に画面の中央に配置されるようにしました ④。これで被写体の大きさは変わらず背景だけが動く映像ができ上がります。

2 速度を一定にする

キーフレームを打つ場合、デフォルトの設定では「スムーズ」の動きとして、最初と最後はゆっくりで途中で速度が速くなる動きをします。ここでは動き方を変更します。

1 キーフレームを表示する

クリップを右クリックし、[ビデオアニメーションを表示] をクリックすると ❶、「変形」の箇所に先ほど設定したキーフレームが表示されるようになります ❷。

2 動きを一定にする

「変形」の ∨ → [位置] をクリックすると「位置」のキーフレームのみが表示されます ❸。さらにキーフレームを選択し、右クリックして、[線形状] を選ぶと動きが一定の速度になります ❹。

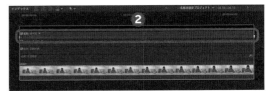

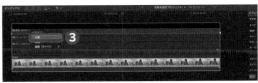

3 画面にキーフレームを表示する

ビューアの下にある ∨ → [変形] をクリックしてオンにすると ❺、プレビュー画面内にキーフレームが表示されます。あとは先ほどと同様にキーフレームを右クリックし、[直線状] をクリックすると動きが一定になります ❻。

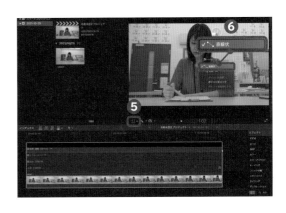

基本の編集

タイトル

カラーやエフェクト

オーディオ編集

イベント

YouTubeやSNS

Motion

Technique 21

360度動画を編集する

360度動画やVR動画などをFinal Cut Proでは編集できます。撮影した360度動画はYouTubeなどで自由に視点を変更しながら再生することが可能です。

360度の設定に変更する

Final Cut Proには360度動画用の設定が数多く備わっています。設定を変更するだけで、通常の動画のように編集することができます。撮影機材はGoPro Maxを使用しました。

1 プロジェクトの形式を変更する

Command + N キーを押して、新規プロジェクトを作成します。「ビデオ」と書かれている箇所からフォーマットを選ぶことができるので、ここから［360°］をクリックして変更し❶、［OK］をクリックしてプロジェクトを作成します❷。

2 長方形画面で挿入する

このまま360度動画をタイムラインに挿入すると、魚眼レンズのような形で映像が表示されます❸。そこで、挿入する前に動画クリップを選択し、❷をクリックして「情報インスペクタ」を開きます❹。［360°プロジェクションモード］→［エクイレクタングラー］をクリックすると❺、タイムラインに長方形の動画クリップとして挿入することができます。

③ 360度画面で表示する

メニューバーの［表示］→［ビューアに表示］→［360°］
をクリックすると⑥、映像内に実際に360度映像とし
ての見え方が表示されます。ビューアの下にある▼→
［方向変更］をクリックしてオンにすると⑦、画面をド
ラッグして視点を切り替えることができます。

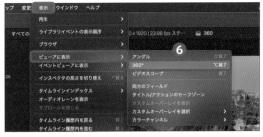

④ 水平線を合わせる

ビューア上部にある［表示］→［水平線を表示］をクリッ
クします⑧。黄色いグリッドで水平線と垂直線が表示さ
れるため、「方向変更」にある「チルト」「パン」「ロール」
などを使用し、映像内の水平線を合わせます⑨。

⑤ ファイルを書き出す

Command + E キーを押してファイルを書き出します。サ
イズが大きくなるため［設定］をクリックし、「ビデオ
コーデック」で［H.264］などの圧縮形式を選択すると
よいでしょう⑩。また「操作」を［QuickTime Player］
にすることで⑪、「.mov」の拡張子で書き出されます。
［次へ］をクリックし⑫、「名前」や「場所」を設定して
［保存］をクリックすると書き出されます。

⑥ 360度ファイルを再生する

360度のファイルを再生する場合はあらかじめVLCなど
の動画再生ソフトをインストールするか⑬、YouTube
やFacebookにアップロードしてみましょう。VLCで再
生する場合は、書き出したファイルを右クリックし、
［このアプリケーションで開く］→［VLC］をクリックし
ます⑭。VLC内では自由に視点を切り替えられる360
度動画を再生することができます。

基本の編集

タイトル

カラーや
エフェクト

オーディオ編集

イベント

YouTubeやSNS

Motion

22

XMLでほかのアプリと連携する

Final Cut Proでは、編集データをFinal Cut Pro特有のXML形式で書き出すことができます。XMLファイルはほかのアプリケーションでも使えます。

XMLでの書き出しと読み込み

ファイルにある「XMLを書き出す」から、Final Cut Proで編集したプロジェクトを書き出すことができます。さらに、書き出したファイルは再び読み込むことで編集データを復元することが可能です。

1 XMLを書き出す

編集したあとにメニューバーの［ファイル］→［XMLを書き出す］をクリックします❶。XMLの書き出しでは名前を変更したり、XMLバージョンを指定したりすることが可能です❷。［保存］をクリックすると書き出されます❸。

2 XMLファイルを読み込む

書き出したファイルはメニューバーの [ファイル] → [読み込む] → [XML] をクリックすると読み込むことができます❹。Final Cut Pro特有の拡張子「.fcpxmld」のファイル (ここでは [File.fcpxmld]) を選択し❺、[読み込む] をクリックしてファイルを読み込みます❻。

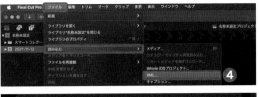

3 ファイルを再接続する

読み込んだファイルが見つからない場合は、メニューバーの [ファイル] → [ファイルを再接続] → [オリジナルのメディア] を選択します❼。また、再接続のファイルが見つからない場合は [場所を指定] をクリックし❽、素材を探し出して選択します。[ファイルを再接続] をクリックすると❾、編集画面にファイルが表示されるようになります。

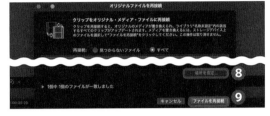

4 別のソフトで読み込む

DaVinci Resolveなど別のソフトでファイルを読み込むことができます。DaVinci Resolveを開き、メニューバーの [ファイル] → [タイムラインの読み込み] → [AAF、EDL、XMLの読み込み] をクリックします❿。Finderが開くので [FCPXMLファイル (*.fcpxml)] を選択します⓫。

☀POINT

ソフトやバージョンによっては読み込めない場合もあるので、編集ソフトのホームページなどで調べてみるとよいでしょう。

Check! **読み込みソフトを導入する**

Final Cut Pro の編集データをほかのアプリケーションで読み込み可能な形式に変換するツールが販売されていることがあります。それぞれのツールに関する変換ツールを探してみましょう。

> https://flashbackj.com/product/
automatic-duck-ximport-ae

基本の編集

タイトル

エフェクトやカラー

オーディオ編集

イベント

YouTubeやSNS

Motion

Column

書き出しの設定とファイル整理の方法

Final Cut Pro から設定を変更して動画を書き出す方法や、ファイルの増加によりコンピュータの容量が圧迫される問題の解決方法をご紹介します。

1 書き出しの設定を変更する

コーデックや画面のサイズを変更することで配信先のメディアに合わせた動画を書き出すことができるようになります。

1 デフォルトで書き出す

設定を気にしない場合は、共有のアイコン（🔲）→［ファイルを書き出す（デフォルト）］をクリック、またはメニューバーの［ファイル］→［共有］→［ファイルを書き出す（デフォルト）］をクリックすると、動画を書き出すことができます。

2 設定を変更する

「ファイルを書き出す」画面で［設定］をクリックします。「フォーマット」でビデオとオーディオを別々に書き出すことも可能ですが、［ビデオとオーディオ］を選択し、書き出すことが一般的です。

3 コーデックを変更する

コーデックとは動画の圧縮形式のことです。圧縮しない場合は、画質がよい動画を書き出すことができますが、容量が大きくなってしまいます。画質とファイルサイズの両方においては［H.264］がおすすめです。また、画質を少しでも上げたい場合は［Apple ProRes 422］などを選択するとよいでしょう。

4 解像度を変更する

画面のサイズなど解像度を変更する場合は「フォーマット」で [Apple デバイス] を選択すると、「解像度」を変更することができます。  から対応デバイスを確認できます。

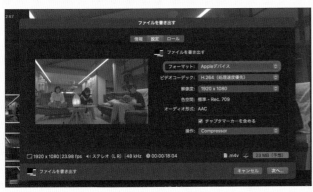

2　縦長画面で編集を行う

Instagram や TikTok などの縦長デバイスで投稿するために、縦長で編集を行ったり自由に画面サイズを変更する方法を紹介します。

1 プロジェクトを作成する

Command + N キーを押して、新規プロジェクトを作成します。デフォルトで設定されているプロジェクトが作成されますが、[カスタム設定を使用] をクリックすると自由に設定を変更することができるようになります。

2 カスタムで画面サイズを記入する

「ビデオ」で [カスタム] を選択すると、解像度やフレームレートを変更することができるようになります。配信する媒体の解像度などを調べて、数値を入力するとよいでしょう。

基本の編集

タイトル

エフェクトやカラー

オーディオ編集

イベント

YouTube や SNS

Motion

3 ファイルを整理する

動画を書き出したあとは、イベントファイルやプロジェクトファイルが増えてしまいます。Macのストレージが圧迫される
ため、定期的に削除するようにしましょう。

1 ストレージを確認する

メニューバーの→ [このMacについて] → [ストレージ] をクリックすると、Macの容量を知ることができます。動
画を書き出すにつれデータが増えてしまい、Macの残りの容量が減ってしまうため定期的にファイルを削除していき
ます。

2 生成されたファイルを削除する

「ライブラリ」を選択している状態で、メニューバーの [ファイル] → [生成されたライブラリファイルを削除] をク
リックすると、ファイルを削除することができます。同様に「イベント」を選択した状態で [ファイル] → [生成された
イベントファイルを削除] をクリックすると、キャッシュを削除することができます。

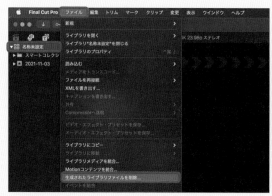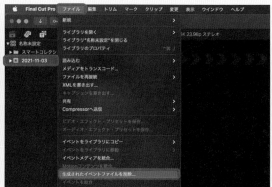

3 レンダリングファイルを削除する

「生成されたライブラリファイルを削除」画面で、[レンダリングファイルを削除] にチェックを入れて、[不要ファイル
のみ] にチェックを入れ、[OK] をクリックすると、使われていないファイルが削除されます。一度に容量を空けたい
場合は、[すべて] にチェックを入れるとよいでしょう。

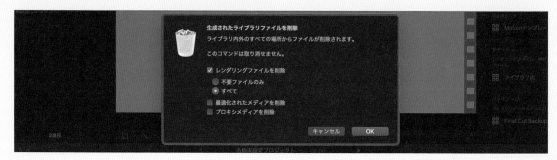

Chapter

2

タイトルで使える
テクニック

———

タイトルを入れる際に使えるテクニックを紹介します。見やすいタイトルはもちろん、映画風のスタイリッシュなものからバラエティ番組のようなコミカルな感じまで、幅広い表現を身につけていきましょう。

23

タイトルを挿入する

タイトルを挿入する基本的な操作です。時間をかけなくても、見映えのよいタイトルを挿入できるのがFinal Cut Proのよいところです。

1 タイトルから始める

オープニングにタイトルを表示してから映像が流れるようにします。タイトルは映像などと同様にクリップとしても利用することができます。

1 タイトルを挿入する

をクリックして「タイトルとジェネレータ」を表示し、[タイトル]をクリックするとさまざまなタイトルを確認することができます ❶。今回は[インク]を選択し、映像クリップの前にドラッグ&ドロップします ❷。タイトルとして画面全体を構成しているため、メッセージを伝えやすくなります。

2 テキストを入力する

をクリックして、「テキストインスペクタ」を表示すると、テキストを入力して変更することができます ❸。「基本」では「フォント」や「サイズ」を調整することができるので ❹、見やすい大きさやテーマに合ったフォントに変更しておきましょう。

③ テキスト効果を加える

「テキストインスペクタ」の［ドロップシャドウ］の
チェックボックスにチェックを入れることで❺、テキス
トの後ろに影の効果を加えることができます。合わせて
「不透明度」や「ブラー」「ディスタンス」などの項目も調
整してみましょう❻。

2 テロップを追加する

タイトルをクリップの上に配置することで、映像内の情報を補足するテロップを追加することができます。

① インスタントリプレイを追加する

タイトルが表示される位置やレイアウトを調整できま
す。「タイトル」から［インスタントリプレイ］を映像ク
リップの上にドラッグ＆ドロップして配置することで
❶、画面右上にテキストを記入できるテロップが表示さ
れます。「テキストインスペクタ」を表示すると、文字情
報を変更することができます❷。

② 別のタイトルを追加する

タイトルは重ねることもできます。Final Cut Proでは
いくつか似たようなタイトルのスタイルが存在します。
「インスタントリプレイ」は「スポーツ」という項目での
スタイルに似ています。その中から［左］を選択し、上
にドラッグ＆ドロップして積み重ねてみましょう❸。

③ タイトルインスペクタを編集する

「テキストインスペクタ」では文字情報のレイアウトを決
めることができましたが、Ｔをクリックして「タイトル
インスペクタ」を表示すると❹、タイトル全体のレイア
ウトや動きなどを調整することができます。サイズや位
置などは画面内のテキストを直接ドラッグすることでも
変更可能です❺。

④ 画像アイコンを追加する

タイトルのスタイルには画像を追加できるものも存在し
ます。「タイトルインスペクタ」にある「ソースクリップ
を選択中」の画像をクリックすると、画像を選択する画
面がライブラリに表示されます❻。メディアなどから画
像を選択し、［クリップを適用］をクリックすると❼、タ
イトルに画像アイコンが追加されます。

☀ POINT

画像アイコンの位置やサイズなどは「Position」や
「Scale」で調整しておきましょう。

基本の編集

タイトル

カラーや
エフェクト

オーディオ編集

イベント

YouTubeやSNS

Motion

Technique

24

3Dタイトルアニメーションを作る

映画でもおなじみの立体的なタイトルアニメーションを、Final Cut Proでは簡単に作ることができます。

3Dタイトルをデザインする

「カスタム3D」を使うことで、メニューから簡単に3Dテキストをカスタマイズすることができます。立体度合いや質感を変えていきましょう。

1 カスタム3Dを追加する

「タイトルとジェネレータ」（📷）の[タイトル]から❶、[カスタム3D]を映像クリップの上にドラッグ＆ドロップして配置します❷。

2 立体度を調整する

📄をクリックして「テキストインスペクタ」を表示し❸、「3Dテキスト」の「深度」の数値を上げると❹、立体の奥行きが大きくなります。また、「ウェイト」の数値を調整すると❺、3Dテキストの太さが設定できます。

3 前面エッジを変更する

「3Dテキスト」の「前面エッジ」から立体の周囲の彫り込みを変えることができます。[ベベル] は立体の角を切り落としたエッジなので単純に光の当たる面が多くなります❻。また「前面エッジサイズ」の数値を変更することで❼、エッジの彫り込みの大きさを調整できます。

4 光を変更する

「ライティング」の [表示] をクリックしてメニューを開くと、光の当たる方向を変更することができます❽。また、「環境」にチェックを入れ、[表示] をクリックすると光や環境の種類を設定できます❾。映像に合わせて選ぶとよいでしょう。

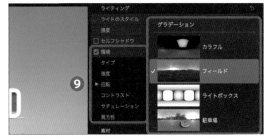

5 質感を変更する

「素材」からは3Dタイトルの質感を変更することができます。今回は「材質」にチェックを入れ、[石] → [Grey Granite] を選択し❿、変更しておきます。

☀POINT

ここで作成したテキストの設定は、[素材を保存] をクリックして保存することもできます。

6 タイトルアニメーションを作る

🅣をクリックして「タイトルインスペクタ」を表示すると⓫、タイトルの動きを設定することができます。「Move In」ではタイトルの始まり、「Move Out」ではタイトルの終わりの動きを設定できます。今回はそれぞれの項目で [Zoom Up] を選択して⓬、タイトルが拡大される動きを作りましょう。

基本の編集

タイトル

カラーやエフェクト

オーディオ編集

イベント

YouTubeやSNS

Motion

Technique 25

漫画っぽい吹き出しを挿入する

映像の中の人物やキャラクターに、漫画のような吹き出しを作って喋らせてみましょう。画面を漫画っぽい質感にすると吹き出しが際立つようになります。

1 吹き出しを追加する

タイトルの中の「吹き出し」を追加し、スタイルを変え、テキストや方向などを変更していきます。

① 吹き出しを配置する

📓 → [タイトル] をクリックし ❶、クリップの上に [吹き出し] をドラッグ＆ドロップして配置します ❷。長さなどを調整しておきましょう ❸。

② 吹き出しの種類を変更する

🄣 をクリックして「タイトルインスペクタ」を表示し ❹、「Bubble Type」から吹き出しの種類を [Rounded Rectangle] に変更すると ❺、角丸の長方形になります。

☀ POINT

そのほかにもいくつか吹き出しの種類が準備されているので好きなものを選びましょう。

⓷ 位置を変更し枠線を作る

「Location」では吹き出しの位置を変更することができます❻。ほかにも「Bubble Size」から吹き出しの大きさを変えてみましょう❼。「Outline Color」を黒にして枠線を作っておき❽、「テキストインスペクタ」の「テキスト」に任意のテキストを入力すれば❾、吹き出しとして使うことができます。

2 吹き出しをカスタマイズする

吹き出しとテキストを別で作成し、さらに縦書きで作っていきます。自由にカスタマイズすることで、映像に合わせて吹き出しを作ることが可能です。

⓵ テキストを削除する

「テキストインスペクタ」の「テキスト」から吹き出しのテキストをすべて削除しておきます❶。Final Cut Proではテキストを削除することで背景素材として使えるものが多くあります。

⓶ 吹き出しを回転させる

🔲をクリックして「ビデオインスペクタ」を表示し❷、「変形」にある「回転」を「90°」にして吹き出しを回転させ❸、縦書きができるようにしておきます。

⓷ タイプライターを追加する

🔲→［タイトル］→［タイプライター］を選択し❹、吹き出しのクリップの上にドラッグして配置します。一文字ずつ改行しながらテキストを入力することで❺、縦書きのテキストを作ることができます。「基本」にある「行間」の数値を調整して❻、テキストの隙間を小さくしておきます。

⓸ 印刷されたような質感にする

印刷された漫画のような質感を画面に加えるために、映像クリップに「エフェクト」から［ノスタルジー］→［新聞用紙］をドラッグ＆ドロップして適用します❼。「Scale」などを変更することで映像に合わせて印刷されたような質感にすることができます❽。

基本の編集

タイトル

カラーやエフェクト

オーディオ編集

イベント

YouTubeやSNS

Motion

Technique 26

下三分の一テロップを表示する

ニュース番組の見出しやYouTube動画の紹介などに使用される下三分の一（ローワーサード）のテロップを挿入していきます。

1 下三分の一を編集する

タイトルに準備されている「下三分の一」を挿入するだけで、下三分の一に配置するテロップを簡単に作ることができます。

1 下三分の一を配置する

→ [タイトル] をクリックし ❶、「下三分の一」を選択します。今回はロゴを挿入できる「下三分の一（ニュース、ロゴ入り）」をドラッグ＆ドロップして挿入します ❷。

2 設定を変更する

「タイトルインスペクタ」（■）の「Text」から表示するテキストを書き加えることができます❸。「Style」では色を変更できるので、今回は [News Red]（赤）に設定します❹。また、「Animation」の現在の設定をクリックして、[Slide] へと変更することで❺、映像内にテロップがスライドして表示されるようになります。

3 ロゴを挿入する

「Drop Zone」の [イメージウェル] をクリックして❻、画像などをクリックしてソースクリップを選択すると❼、ロゴを挿入することができます。ロゴを挿入して [クリップを適用] をクリックすると❽、画面内にロゴが出現します。「Logo Scale」でロゴの大きさを変更することもできます❾。

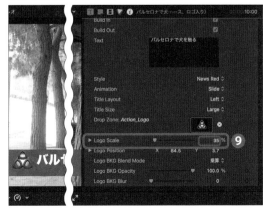

基本の編集

タイトル

エフェクトやカラー

オーディオ編集

イベント

YouTubeやSNS

Motion

④ テキストの位置を変える

「テキストインスペクタ」（■）を表示し、「位置」の「X」
や「Y」の数値を変更することで❿、テキストの位置を変
更することができます。

2　ローワーサードを自作する

パーツごとに作成することで、ローワーサードは自作することができます。ジェネレータから作成してみましょう。

① ジェネレータを追加する

テキストの下に配置する「座布団」と呼ばれるものを作
成します。■→［ジェネレータ］をクリックし❶、［にじ
み］をクリップの上にドラッグ＆ドロップして配置しま
す❷。

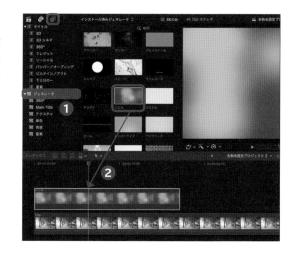

② マスクを切る

追加したジェネレータに対して、「エフェクト」から
［シェイプマスク］をドラッグ＆ドロップして適用します
❸。「ビデオインスペクタ」にある「シェイプマスク」の
「湾曲」と「ぼかし」の数値を「0」にし❹、長方形を作成
します。作成した長方形は左下に配置しておきましょう
❺。

3 タイトルとロゴを配置する

⬚→ [タイトル] をクリックし ⑥、追加したジェネレータの上に [カスタム] をドラッグ＆ドロップして配置したら ⑦、「テキストインスペクタ」で「テキスト」を変更しておきます ⑧。また、ロゴもその上にドラッグして配置し ⑨、「ビデオインスペクタ」の「変形」から「位置」や「調整」の数値を動かし ⑩、テキストの横あたりに配置しておきます。

4 入りを決める

⬚ をクリックして「トランジションブラウザ」を表示したら ⑪、上に配置したクリップの冒頭に対して、「トランジション」から [スライド] をドラッグ＆ドロップ、もしくはダブルクリックして適用します ⑫。テキストが左からスライドして登場するようになります。クリップはずらしておくと ⑬、バラバラに登場するようになります。

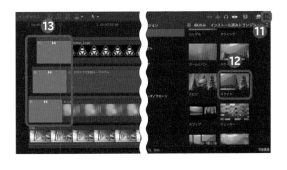

5 ディゾルブで消していく

クリップの終わりをすべて合わせておき ⑭、「トランジション」から [クロスディゾルブ] をドラッグ＆ドロップ、もしくはダブルクリックして適用します ⑮。そうすることで、登場したクリップが徐々に透明になって消えていきます。

基本の編集

タイトル

カラーやエフェクト

オーディオ編集

イベント

YouTubeやSNS

Motion

27

SF映画風の3Dタイトル

3Dタイトルを SF 映画風に表示していきます。素材やエッジなどをカスタマイズしていけば、一味違う雰囲気を演出できます。

タイトルをカスタマイズする

既にあるタイトルをカスタマイズすることで、簡単に、かつアレンジされたタイトル表示をすることができます。

1 大気のタイトルを使用する

📁→［タイトル］をクリックし❶、［大気］をドラッグ＆ドロップでタイムラインに挿入します❷。「テキストインスペクタ」の「テキスト」からテキストを入力し、「基本」から最終的に見せたい「サイズ」や「文字間隔」になるように調整します❸。また、「タイトルインスペクタ」から「Background」のチェックを外すと地球の背景が非表示になります❹。

2 素材を変更する

「テキストインスペクタ」の「素材」の項目から 3D タイトルの素材や質感を変更することができます。今回はシンプルな［Basic］に変更しておきます❺。

③ エッジのみ表示する

「テキストインスペクタ」の「前面エッジ」からエッジの調整をすることができます。今回は [ベベル型リング] へと変更して ⑥、エッジのみ表示されるようにします。

④ つやのレイヤーを追加する

「オプション」の [レイヤーを追加] から ⑦、新たに質感を加えるレイヤーを作成することができます。今回は [フィニッシュ] → [つや] を選択し ⑧、もう少しメタリックな見た目にしていきます。また、[ディストレス] → [土ぼこり] を選択すると ⑨、タイトルに不均一な光を加えることができます。

⑤ 色を変更する

[レイヤーを追加] → [放出] を選択することで ⑩、色を変更することができます。今回は「グラデーション」から色を決めていきます ⑪。

⑥ グローを加える

「エフェクト」から「ライト」→「グロー」をドラッグ＆ドロップで適用することで ⑫、タイトルの明るい箇所をさらに光らせることができます。「グロー」にはキーフレームを打っておき ⑬、タイトルが登場する際に光らせてもよいかもしれません。

Check! 下線を入れる

▦→ [ジェネレータ] をクリックし、[ビーム] を「大気」のタイトルの下にドラッグ＆ドロップして挿入しておくことで下線を作ることもできます。「ビデオインスペクタ」の「調整（すべて）」でテキストとともに拡大させると、さらに雰囲気のあるタイトルができ上がります。

基本の編集

タイトル

エフェクトや

オーディオ編集

イベント

YouTubeやSNS

Motion

28 映画の予告編風のショート動画

映像作品の一部を切り抜いて予告編を作ると、SNSなどで端的に内容を宣伝することができるようになります。イベントや結婚式の動画にも使えます。

1 クリップの間にタイトルを挿入する

クリップを分割し、見せたいシーンを選んだら「タイトル」や「ジェネレータ」を活用して予告編のような動画を作っていきましょう。

1 クリップを分割する

見せるシーンを決めていくために、シーンを Command + B キーを押して分割しておきます ❶。

2 オープニングタイトルを作る

予告編のオープニングには配給会社の名前などが入ります。📽→［タイトル］→［シャドウ］を選択して挿入し、「テキストインスペクタ」で「テキスト」を変更したら、「タイトルインスペクタ」の「Background Color」を赤にして ❷、アクション映画風にしてみます。

3 タイトルとジェネレータを加える

分割したクリップの間や上にタイトルを挿入することで伝えたい言葉を印象づけることができます。［タイトル］→［ズーム］を選択し、クリップの間にドラッグ＆ドロップで挿入して ❸、「テキストインスペクタ」から「テキスト」を変更しておきます。

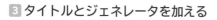

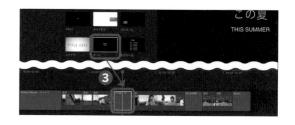

4 エンディングタイトルを入れる

同様の手順で予告編の終わりに映画のタイトルやクレ
ジットを挿入することができます。今回は映画の「タイ
トル」として［基本3D］❹、「ジェネレータ」として［グ
リマー］を使用しています❺。また、最後のクレジット
として、［タイトル］→［トレーラー］を選択して挿入し
❻、「タイトルインスペクタ」の「Background」を
［Action］に変更することで、アクション映画風にクレ
ジットを記載することができます。

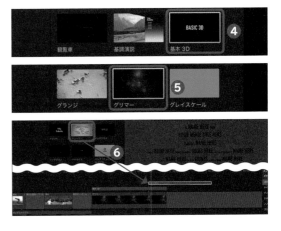

2 iMovieテンプレートを使用する

予告編を作成する際には、Macの無料編集ソフトであるiMovieのテンプレートを使用することができます。iMovieのク
リップをFinal Cut Proに転送することも可能です。

1 新規予告編を作成する

iMovieのメニューバーの［ファイル］→［新規予告編］を
クリックすることで❶、さまざまな予告編のテンプレー
トを使用することができます。iMovieの予告編にしかな
い音楽や背景素材も使用することができるようになりま
す❷。

2 ムービーに変換する

予告編ではテキストやタイトルを変更することができま
す。編集画面に移行するにはメニューバーの［ファイル］
→［予告編をムービーに変換］を選択します❸。すると、
Final Cut Pro同様に編集画面で操作をすることができ
ます。

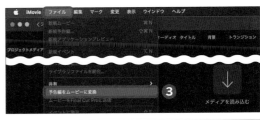

3 Final Cut Proに送信する

iMovieの素材は、メニューバーの［ファイル］→［ムー
ビーをFinal Cut Proに送信］をクリックすることで❹、
Final Cut Proに送信することができます。

基本の編集

タイトル

カラーや
エフェクト

オーディオ編集

イベント

YouTubeやSNS

Motion

Technique

29

映画風のエンドロール

映画やドラマの最後に縦スクロールで流れるエンドロールを作成します。ショートフィルムや結婚式動画、記事を流す動画にも使うことができます。

1 スクロールを使用する

映像クリップを挿入したら、その後ろにスクロールのタイトルを挿入します。通常のタイトルと同様にテキストを編集することができます。

1 スクロールを挿入する

映像クリップを挿入したら、📱→［タイトル］をクリックして❶、［スクロール］を選択し、映像クリップの後ろにドラッグ＆ドロップで挿入します❷。

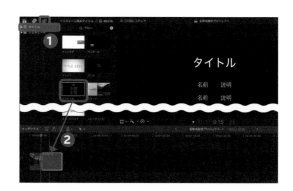

✦POINT

スクロールのクリップの長さを変えることで、スクロールの流れるスピードも変えることができます。

2 映像をフェードアウトさせる

映像が終わる際にゆっくりと画面を暗転させる場合は、▷をクリックして「トランジションブラウザ」を表示して、先に映像クリップに「トランジション」から［クロスディゾルブ］を適用するとよいでしょう❸。クリップの後ろにスクロールを配置することで❹、暗い画面に自然に移行するようになります。

3 テキストを記入する

通常のタイトルと同様に、■をクリックして「テキストインスペクタ」を表示し、「テキスト」からテキストを入力していきます **⑤**。方向キーを使いながら入力したり、Shift＋方向キーでテキストを選択したりするとよいでしょう。また、新たにテキストを中央に配置したい場合は、「基本」の「配置」で■をクリックして **⑥**、中央揃えにします。

Check! プレビュー画面から入力する

テキストの入力はプレビュー画面からも行うことができます。

---

2 小窓で映像を挿入する

エンドロールを何度も見てもらう工夫として、小窓にNGシーンや撮影背景、収まりきらなかったシーンを挿入してみます。

1 キーフレームで横にずらす

「ビデオインスペクタ」にある「変形」の「位置」にキーフレームを入れ **❶**、現在の位置を保持しておきます。10フレームほど間隔を空けてから **❷**、「テキストインスペクタ」から「位置」の「X」の数値を変更し、スクロールを移動させていきましょう。

2 動画クリップを表示する

スクロールの上に動画クリップを配置し、「ビデオインスペクタ」から「位置」や「調整」を変更して、テキストの隣に配置します **❸**。動画クリップは自然に表示されるように「トランジション」から［ブラー］→［クロスディゾルブ］を適用します **❹**。

3 背景を挿入する

このままだと背景は透明の状態なので、■→［ジェネレータ］から背景などを挿入してもよいかもしれません。ここでは［フィルムロール］を適用しています **❺**。

基本の編集

タイトル

カラーやエフェクト

オーディオ編集

イベント

YouTubeやSNS

Motion

Technique 30

ゆっくりとテキストを表示する

映像の上にゆっくりとタイトルや名前を表示するだけで、映画のようなタイトル表現ができます。ここでは基本的なタイトル表示操作を見ていきましょう。

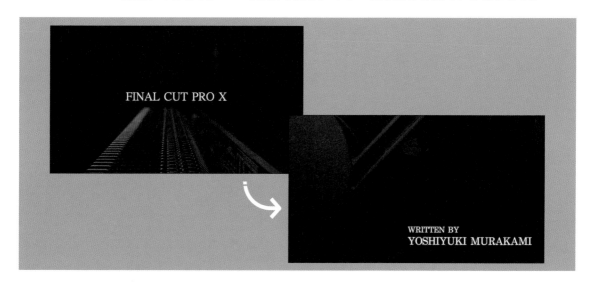

テキスト表示にクロスディゾルブを適用する

トランジションをテキストの表示に追加することで、タイトルの表示方法を調整することができます。

1 映像を並べる

タイトルと下に配置する映像のコントラストが強い方が可読性が高くなります。今回は、事前に撮影しておいた黒を基調とした背景素材を7秒間隔で挿入しています❶。

2 タイトルを挿入する

「タイトルとジェネレータ」（📄）の［タイトル］から、［カスタム］を映像クリップの上にドラッグ＆ドロップで挿入します❷。「テキストインスペクタ」の「テキスト」で文字を自由に入力し❸、「基本」の「フォント」から［Apple LiSung］を選択しておきます❹。

☀POINT

「サイズ」でテキストの大きさを変えておきましょう。

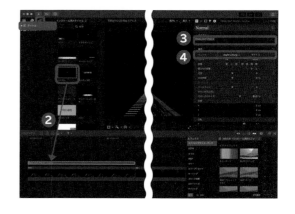

3 アウトラインを追加する

「アウトライン」にチェックを入れることで、文字の周り
に枠線を追加することができます。「不透明度」や「ブ
ラー」なども調整し **5**、今回は周辺に多少の光漏れを
作っておきます。

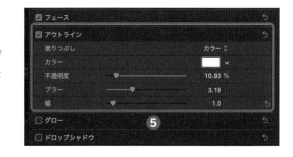

4 表示方法を変更する

テキストの表示に対してもトランジションを追加するこ
とができます。🔲をクリックして「トランジションブラ
ウザ」を表示したら、[クロスディゾルブ] を適用し **6**、
冒頭のトランジションだけを伸ばして **7**、ゆっくりと表
示されるようにしておきます。

5 エフェクトのあるタイトルを挿入する

タイトルの中には元からエフェクトが追加されているも
のがあります。今回は [タイトル] → [ブラー] を選択
し、ドラッグ&ドロップで映像クリップの上に配置して
おきます **8**。テキストはドラッグして部分的に選択する
ことで、テキストのサイズを別々に変えることができま
す **9**。

6 自由な位置に配置する

ビューアの下にある🔽→ [変形] をクリックしてオンに
することで、テキストをドラッグ&ドロップで好きな位
置に配置することができるようになります **10**。

7 タイトルのパラメータを調整する

🔲をクリックして「タイトルインスペクタ」を表示する
と **11**、タイトルのエフェクトを変更することできます
12。「Build In」と「Build Out」ではテキストのインと
アウトの表示をどうするかを決めることができます。ま
た、「In Size」や「Out Size」で単語や行ごとに表示す
るかどうかを決めることが可能です。

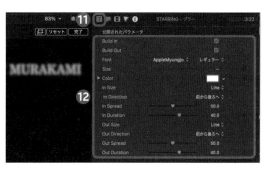

基本の編集

タイトル

カラーや
エフェクト

オーディオ編集

イベント

YouTubeやSNS

Motion

31

歌詞を音楽に合わせて
カラオケ風に表示する

カラオケ動画のように、歌に合わせて文字の色が変化していく動きです。エフェクト内で、マスクにキーフレームアニメーションを作ります。

星が瞬く真夜中に おっきな月が顔出して

カラー化にシェイプマスクを追加する

テキストに対して「カラー化」のエフェクトを適用し、歌に合わせてタイミングよく、マスクのキーフレームアニメーションを作っていきます。

1 タイトルを入力する

ビューア上部にある [表示] をクリックし、[タイトル/アクションのセーフゾーンを表示] にチェックを入れておきます ❶。「タイトルとジェネレータ」（📑）の [タイトル] から [カスタム] を選択し ❷、映像クリップの上にドラッグ&ドロップで配置します。「テキストインスペクタ」の「テキスト」に表示したい歌詞の一行を入力したら ❸、「セーフゾーン」（プレビュー画面の2本の黄線）を参考にドラッグして位置を合わせます ❹。今回の音楽素材は下記リンクからDLしたものを使用しました。
使用素材　https://dova-s.jp/bgm/play12307.html

2 カラー化を適用する

「エフェクト」から [カラー化] を適用することで ❺、白い箇所と黒い箇所の色を指定することができます。今回の色はどちらも赤にしておき、「ビデオインスペクタ」の「カラー化」で「Intensity」を「100」にし ❻、色が濃く表示されるようにします。

3 シェイプマスクを追加する

「カラー化」の「マスク」のメニュー（ ）をクリックし、[シェイプマスクを追加] を選択することで❼、エフェクトに対してのみマスクを追加することができます。マスクが出現したら画面内の白いハンドルをドラッグして❽、マスクの形は四角形にしておきましょう。

4 キーフレームアニメーションを追加する

歌に合わせて始まる箇所で「シェイプマスク」の横にある◆をクリックして、キーフレームを◆にしておきます❾。歌に合わせてマスクをドラッグして移動させていくことで、歌詞に色をつけることができます。

5 ドロップシャドウを追加する

 をクリックして「テキストインスペクタ」を表示し、[ドロップシャドウ] にチェックを入れ、テキストを見やすく調整しておきます❿。

☀POINT

「不透明度」を下げたり、「ブラー」の数値を上げたりしておくとよいでしょう。

6 トランジションを加える

 をクリックして「トランジションブラウザ」を表示したら、「トランジション」から [クロスディゾルブ] を加えます⓫。テキストがやんわりと表示・非表示されるようになります。

7 キーフレームの間隔を変更する

右クリック→ [ビデオアニメーションを表示] をクリックすると⓬、キーフレームを表示できます。ここからキーフレームをドラッグ＆ドロップで動かして、歌に合わせて間隔を変更することができます。

基本の編集

タイトル

エフェクトや

オーディオ編集

イベント

YouTubeやSNS

Motion

Technique
32
テキストの中に映像を入れる

文字の中に映像を入れることで、その文字から連想されるビジュアルを表現できます。タイポグラフィとして使えるテクニックです。

1　文字のある箇所だけ映像を表示する

ステンシルアルファを使うことで、タイトル部分のみに映像を表示することができます。

■1 テキストを挿入する

「タイトルとジェネレータ」（🅣）の［タイトル］から［カスタム］を選択し、映像クリップの上にドラッグ＆ドロップで配置します❶。テキストのフォントは、「テキストインスペクタ」の「基本」でゴシック体などにしておくと❷、映像のみ表示したときに見やすくなります。ここでは［DIN Condensed］の［ボールド］を使用しました。

■2 テキストを大きく表示する

テキストサイズは「テキストインスペクタ」の「サイズ」から変更できますが、ビューアの下にある「変形」のアイコン（🔲）をクリックして❸、プレビュー内でテキストを大きくすることも可能です。

3 ステンシルアルファでブレンドする

「ビデオインスペクタ」の「合成」からテキストの「ブレンドモード」を[ステンシルアルファ]に変更します❹。テキストの部分のみに映像が表示されるようになります。

☀ POINT

反対に[シルエットアルファ]では、テキスト部分のみが非表示になり、周りがくり抜かれます。

2 テキストを動かす

映像表示をしたテキストを動かす際は、クリップにまとめることで映像もいっしょに動かすことができます。

1 複合クリップを作成する

テキストが表示されている箇所に映像が表示されているため、テキストを動かしても映像の位置は変わりません。そのため、映像の位置も変えたい場合は、右クリック→[新規複合クリップ]で2つのクリップをまとめます❶。

2 明るさを変更する

テキストの下に背景素材を入れる場合、上のテキストが見えにくくなってしまいます。そこで▼をクリックして「カラーインスペクタ」を表示したら❷、[露出]をクリックしてテキストの明るさを上げて❸、下のクリップとのコントラストを上げておきましょう。

3 位置のアニメーションを追加する

「ビデオインスペクタ」の「変形」から、テキストを含んだ複合クリップの「位置」のキーフレームを入れて❹、右から左へスライドするようなアニメーションを追加してみましょう。クリップを右クリック→[ビデオアニメーションを表示]を選択し❺、キーフレームを右クリック→[線形状]をクリックすると❻、一定の速度でテキストが移動するようになります。

基本の編集

タイトル

エフェクトやカラー

オーディオ編集

イベント

YouTubeやSNS

Motion

縦書き文字を表示する

日本語や中国語などの縦書きで表記する映像を作っていきましょう。Motionを使う方法もありますが、今回はFinal Cut Proのみを使用します。

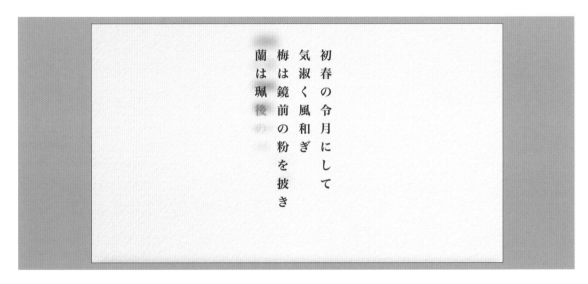

改行して並びを変える

Final Cut Proに縦書きの機能はありませんが、改行することで縦書き表示することができます。

1 テキストを準備する

「タイトルとジェネレータ」（🎬）の［ジェネレータ］→［ペーパー］の背景素材を選択し、タイムラインに挿入します❶。さらにその上に［タイトル］→［グロー］を選択し❷、ドラッグ＆ドロップで配置しておきましょう。

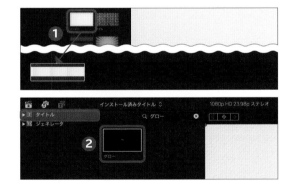

2 パラメータをカスタマイズする

🅣をクリックして「タイトルインスペクタ」を表示し、「Color」からテキストの色を黒に変更しておきます❸。さらに「Build In」や「Build Out」を［Smoke］に変更することで❹、煙のように登場したり、消えたりするエフェクトができ上がります。

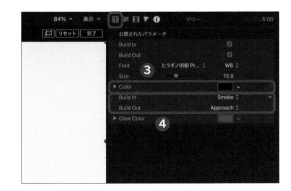

3 テキストを記入する

■をクリックして「テキストインスペクタ」を表示し、「テキスト」に入力します ❺。今回は「初春の令月にして、気淑く風和ぎ、梅は鏡前の粉を抜き、蘭は珮後の香を薫す」という万葉集の文章を使用しました。「基本」の「Font」から明朝体に変更しました ❻。

4 改行を行う

テキスト内で「初」の文字の後ろにカーソルを合わせた状態で [Enter] キーを押すと改行できます ❼。これを文章の最後まで行うと、縦書きを作ることができます。

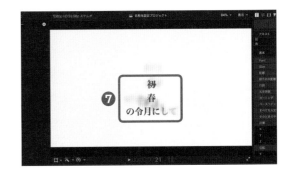

5 文字を整列させる

ビューア上部の [表示] をクリックして ❽、[タイトル/アクションのセーフゾーンを表示] を選択した状態で、テキストを整列させていきます。「テキストインスペクタ」にある「位置」の「X」と「Y」の数値を動かして ❾、テキストが画面内に収まるように配置しておきます。「行間」の数値を調整すると ❿、テキストの間隔を広げることも可能です。

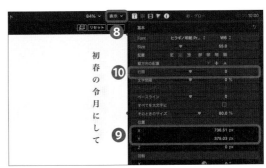

6 テキストを複製する

行を増やしたい場合は、[Option] キーを押しながらテキストクリップをドラッグすることで複製できます ⓫。「位置」の「X」を100ずつ変更し ⓬、等間隔で並べます。

☀ POINT

「テキストインスペクタ」の「テキスト」から記入することで文字のサイズなどを保ちながら文字を記入できます。

7 まとめて動かしてみる

テキストだけをすべて選択し、[Option] + [G] キーを押して、複合クリップとしてまとめることができます ⓭。まとめたクリップは位置のキーフレームで動かすことも可能です。

基本の編集

タイトル

カラーやエフェクト

オーディオ編集

イベント

YouTubeやSNS

Motion

34 水面の上に文字を表示する

テキストを映像の中に表示する場合、地面に反射を作ると、溶け込ませることができます。水面の場合は反射したテキストを揺らす工夫をしていきましょう。

反転したテキストを揺らす

テキストを反転させ、ブレンドモードで合成させたあとに、テキストを水面のように揺らしていきます。

1 ラインを表示を使用する

→［タイトル］をクリックし、［ラインを表示］を選択して、映像クリップの上にドラッグ＆ドロップで配置しておきます❶。ラインからテキストが出現する動きが適用されます。

2 テキストを地面に配置する

テキストを入力して、をドラッグして地面の境界となる箇所に配置します❷。「タイトルインスペクタ」の「Line Opacity」を「0」にすることで❸、線が消えテキストのみが水面から出現するようになります。

3 テキストを反転する

テキストを Option キーを押しながらドラッグして複製します ❹。複製したテキストに対して「エフェクト」から [反転] を適用します ❺。「ビデオインスペクタ」の「反転」にある「Direction」を [Vertical] に変更することで ❻、上下が反転します。位置を正方向のテキストの下に配置します。

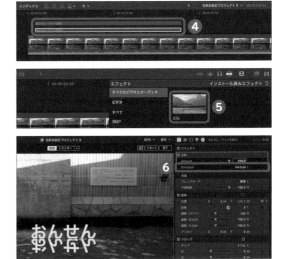

4 水中のエフェクトを適用する

「ビデオインスペクタ」の「変形」で「調整 (Y方向)」の数値を下げると ❼、縦のサイズのみを小さくすることができます。「エフェクト」から [ビデオ] → [水中] を適用すると ❽、テキストが水中で揺れるような動きをするようになります。「Size」や「Refraction」の数値を調整して ❾、テキストの動きを映像の動きと合わせていきます。

5 反射をぼかす

反射したテキストに対して、「エフェクト」から [ブラー] → [ガウス] を適用します ❿。「ガウス」にある「Amount」の数値を調整し ⓫、文字をぼかしておきます。

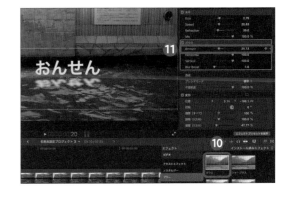

6 ブレンドモードで合成する

「ビデオインスペクタ」の「合成」にある「ブレンドモード」を [ビビッドライト] に変更することで ⓬、明るい箇所と暗い箇所に対して合成されます。

⚬ POINT

映像に合わせて自然に見えるように合成モードを選びます。

基本の編集

タイトル

エフェクト

カラーや

オーディオ編集

イベント

YouTubeやSNS

Motion

35

文字の箇所を光らせる

映像内の文字だけを切り抜くことで、文字を光らせたり、色を変えたりすることができるようになります。

マスクとキーヤーで文字を切り抜く

文字の周りをマスクで切り抜いたあとに、キーヤーで文字以外の背景を取り除くことで、文字の色だけを変更できるようにします。

■ クリップを複製する

映像内に文字が表示されているものを選択し、Option キーを押しながらドラッグ＆ドロップしてクリップを複製します❶。

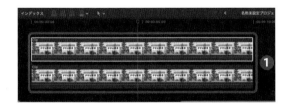

■ マスクを切る

上に配置したクリップに対し、「エフェクト」から[マスクを描画]を選択し、ドラッグ＆ドロップで適用します❷。映像内のテキスト箇所を[ペンツール]で囲んでおきます❸。

3 テキストのみを切り出す

下に配置したクリップを選択し、Vキーで非表示にします❹。上のクリップに対し、「エフェクト」から[ルミナンスキーヤー]を適用します❺。テキストと背景にコントラスト差がある場合は、テキストの背景を切り抜くことができます。「ビデオインスペクタ」の「ルミナンスキーヤー」にある「ルミナンス」のハンドルを動かして❻、文字のみを切り抜き表示します。

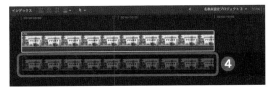

☀POINT

色で分かれている場合は「キーヤー」を使います。

4 文字に色をつける

上のクリップに対して「エフェクト」から[カラー化]を適用します❼。「ビデオインスペクタ」の「カラー化」にある「Remap Black To」や「Remap White To」の色を変更することで色を変えることができます。また「Intensity」を「100」にして色を変更させておきます❽。

5 色を合成する

「ビデオインスペクタ」の「合成」からテキストだけのクリップの「ブレンドモード」を[加算]に変更し❾、明るい箇所に対応して色を合成するようにします。

6 露出で光らせる

◤をクリックして「カラーインスペクタ」を表示し、[露出]をクリックします❿。ハンドルを持ち上げることで⓫、明るさが上がりテキストが光るような表現ができます。

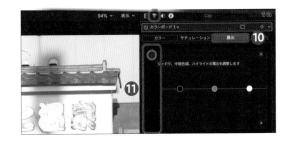

7 ふんわりとした光を作る

「エフェクト」から[ブラー]→[ガウス]を適用すると、光のボケ具合を表現できます。光文字のオンとオフを作る場合は、「不透明度」にキーフレームを打ち、数値バーを左に動かして「100%」から「0%」にまで下げておきます⓬。そのあと「100%→0%」のようにキーフレームを打つことで、文字が光るように設定することができます。

36

バラエティ番組風のエンドロール

バラエティ番組などのように横にスライドするエンドロールを1から作成していきます。

文字を右から左へと動かす

エンドロールを作る前に、表示するクレジットの名前をテキストエディットなどで記載しておきます。

1 カスタムを挿入する

→［タイトル］をクリックし、［カスタム］を選択して、映像クリップの上にドラッグ＆ドロップで配置します ❶。

2 名前のリストを作る

「テキストエディット」などを開き、名前のリストを作成していきます ❷。人物名の頭を左詰めにすることで整った印象になります。

3 タイトルを貼りつける

テキストエディットに記載した名前を [Command] + [A] キーですべて選択し、[Command] + [C] キーでコピーします。Final Cut Proの「テキストインスペクタ」の「テキスト」に [Command] + [V] キーで貼りつけると、名前が横書きで貼りつけされます❸。貼りつけた名前は「基本」の「配置」で■をクリックして❹、左揃えにしておきましょう。

4 タイトルを配置する

ビューア上部の [表示] → [タイトル/アクションのセーフゾーンを表示] を選択し、セーフゾーンを表示させます❺。テキストの「サイズ」を調整し❻、テキストすべてが見えるようにサイズを小さくしておきましょう。

5 変形を設定する

「ビデオインスペクタ」の「変形」にある「調整（すべて）」の数値を上げて❼、文字が見えるくらいまで拡大しておきます。また、「位置」を下の線に合わせて配置しておき、冒頭でキーフレームを入れておきます❽。

6 キーフレームアニメーションを作る

タイトルの冒頭で「位置」の「X」の数値をドラッグして動かし❾、画面の右外へ出るように調整します。さらにタイトルの終わりで「位置」を動かして、画面の左外へ出るように動かすことで、画面の右外から左外へと向かうキーフレームアニメーションができ上がります。

7 動きを一定にする

タイトルに対して、[Control] + [V] キーを押して、[ビデオアニメーションを表示] をクリックして表示します❿。表示された「ビデオアニメーション」の「変形：位置」に打たれたキーフレームを右クリック → [線形状] を選択すると⓫、キーフレームの動きが一定になります。

基本の編集

タイトル

カラーやエフェクト

オーディオ編集

イベント

YouTubeやSNS

Motion

Technique

37

バラエティ番組風の豪華なテロップ

バラエティ番組などで使われている、3Dを使った少し豪華なテロップ表示をしていきます。

1 3Dタイトルを作る

Final Cut Proに準備されているカスタム3Dを使うことで、簡単に立体的で豪華なテロップを作ることができます。また、自由にカスタマイズすることも可能です。

■ カスタム3Dを挿入する

🔲→［タイトル］をクリックし、［カスタム3D］を選択して、映像クリップの上にドラッグ＆ドロップして挿入しておきます❶。

② テキストを記入する

　をクリックし❷、「テキストインスペクタ」からテキストをカスタマイズします。見やすくする場合は、「基本」の「フォント」で [ヒラギノ角ゴシック] などのゴシック体を選ぶとよいでしょう❸。「文字間隔」で文字どうしの隙間を調整することができます❹。「位置」の「Y」をマイナス方向に動かして❺、テロップを下に配置しておきましょう。

③ 素材を選ぶ

　「テキストインスペクタ」の「素材」から [メタル] → [Nickel] を選ぶことで❻、ニッケル調の質感を持ったテキストができます。「ペイント」の「ペイントのカラー」で色を変更することができるので❼、カラーサークル上でドラッグし、オレンジに近づけて金色に見せていきます。

④ 立体度合いを調整する

　エッジを作ることでテロップが見えやすくなるだけでなく凹凸ができるため立体的になります。「3Dテキスト」にある「前面エッジ」から [二重丸] を選択すると❽、テキスト周りに枠組みができます。「深度」は「45」にして❾、テキストの厚みを上げておきます。

基本の編集

タイトル

カラーやエフェクト

オーディオ編集

イベント

YouTubeやSNS

Motion

2 テロップに動きを加える

Final Cut Proではテロップに動きを加えた際に、3Dソフトのように反射面が立体的に見える特徴があります。また、映像素材を座布団としても使ってみましょう。

■ テロップの表示・非表示を作る

Ⓣをクリックして「タイトルインスペクタ」を開き、「:in」と書いてある項目からタイトルの表示の動きを決めることができます。今回は「Rotate: in」を[Tumble]に設定しておきタイトルを回転させながら登場させ、「Scale: in」を[Grow]にしてタイトルを徐々に大きくして登場させます❶。「:Out」は非表示のアニメーションなので、「Rotate: Out」を[Tumble]で回転させ、「Scale: Out」を[Shrink]にして文字を小さくしながら非表示にします❷。

■ 映像素材を挿入する

テロップの下に配置する座布団を準備します。「Footage Crate」から「ショックウェーブ（shockwave）」（ここでは[Front Facing Shockwave 21]）を選択し❸、素材をダウンロードしておきます。ショックウェーブの素材をテロップの下に配置し❹、「エフェクト」から[色合い]をドラッグ＆ドロップして適用します❺。「ビデオインスペクタ」にある「色合い」から❻、ショックウェーブの色などを変更することができます。

使用素材　https://footagecrate.com/video-effects/
FootageCrate-Front_Facing_Shockwave_21

■ テキストを光らせる

さらに豪華に見せたい場合は、テキストを光らせてみてもよいかもしれません。「エフェクト」から[テキストエフェクト]→[ネオン]を選択し❼、ドラッグ＆ドロップで適用します。テキスト自体が見えやすいように「ビデオインスペクタ」にある「ネオン」の「Inner Grow」の数値を「0」にしておきます❽。

3

カラーやエフェクト
によるテクニック

Chapter3では、カラーを変更したりエフェクトを
追加したりして、より「映える動画」を作成していく
テクニックを紹介していきます。雰囲気作りに役立つ
手法ですので、ここでしっかりと操作の確認をしてい
きましょう。

Technique 38 グラデーションで空の色を変える

グラデーションを使って、空の部分だけ色を変更することができます。また、好きな箇所に色を乗せたり、雰囲気を個別に変えたりすることも可能です。

1 グラデーションを合成する

画面全体にグラデーションを作り合成することで、画面の上方のみを合成させることができます。合成によって色を変えてみましょう。

1 グラデーションを配置する

映像クリップ（ここでは「Clip」という素材を使用）の上に「ジェネレータ」の中にある［グラデーション］を配置します❶。グラデーションは、空のみ色を変えたい場合は上に色を残し、下は黒を選択しておきます❷。

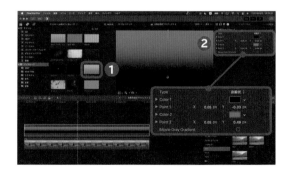

2 黒を合成で消す

「ブレンドモード」から［スクリーン］や［加算］を選択することで❸、黒い箇所を消し色のある箇所を明るさで合成します。画面内に表示されたハンドルを動かすことで❹、グラデーションの位置を変更することができます。

3 夕景を作る

空の色を暖色系に変更すると❺、夕景にすることができます。極端に色が違う場合は馴染まないことがあるため、クリップ自体の色や明るさを調整するとよいでしょう。

2 グラデーションマスクを使用する

ジェネレータにある抽象的な素材を合成素材として使用する場合は、グラデーションマスクで合成することができます。

1 にじみを追加する

「ジェネレータ」の中にある [にじみ] を選択し❶、映像クリップ (ここでは「Clip2」という素材を使用) の上に配置します。色は3段階で変更することができます❷。

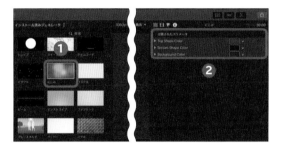

2 ブレンドモードで合成する

「ブレンドモード」から [オーバーレイ] を選択することで❸、にじみのジェネレータが明暗で分かれて合成されます。

3 グラデーションマスクを適用する

「エフェクト」の「マスク」から、[グラデーションマスク] をにじみのクリップに適用します❹。画面内にハンドルが表示されるので❺、ドラッグ&ドロップで動かしてグラデーションでマスクを適用していきます。

基本の編集

タイトル

カラーやエフェクト

オーディオ編集

イベント

YouTubeやSNS

Motion

39

8mmフィルム風にする

レトロな雰囲気を演出したい場合には、8mmフィルム風の見た目にしてみるとよいでしょう。ウェディングムービーなどで過去を振り返る際にも活用できます。

1 古びた印象に加工する

古びた印象を作るために、あえて画質を悪くしたり色褪せたりしたような印象にしていきます。

1 ピントのボケを作る

クリップに対して、「エフェクト」から「ブラー」の［ガウス］を適用します❶。「Amount」の数値を「5.0」くらいにして❷、若干画面全体がボケたような印象にしておきます。

2 フィルムグレインを加える

「エフェクト」から［フィルムグレイン］を適用し❸、画面にノイズを加えます。「Style」を［Realistic Grain］に変更して❹、色はあまり変更せずにグレインだけ追加します。

3 スーパー8mmを適用する

「エフェクト」から [スーパー8mm] を適用することで
❺、8mmフィルムで撮影したかのような色合いになり
ます。「Amount」や「Hue Bias」の数値を調整しなが
ら❻、映像に合わせて色を変えていきましょう。

2 フレームを作る

映像の上に光漏れを加えたりフレームを作ることで、フィルムカメラで撮影したかのような雰囲気にしていきます。

1 光漏れを加える

「ジェネレータ」から [にじみ] をクリップの上に配置し
ます❶。色は全体的に暗いオレンジにしておきましょう
❷。「ブレンドモード」から [加算] を選択することで❸、
にじみの明るい箇所が合成され、暗い部分は消えます。

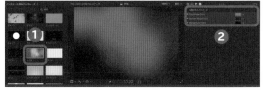

2 シェイプマスクを適用する

作成したクリップは、まとめて Option + G キーで新規複
合クリップとしてまとめておきます❹。複合クリップに
対して「エフェクト」から [シェイプマスク] を適用して
おき、角が丸いフレームになるように大きさを調整して
おきましょう❺。

3 タイルを適用する

クリップに対して、「エフェクト」から [タイル] を適用
します❻。「Amount」を1～2の間にすることで❼、
フィルムカメラのように上下にクリップの切れ端が表示
されます。

基本の編集

タイトル

カラーやエフェクト

オーディオ編集

イベント

YouTubeやSNS

Motion

Technique

40 カラーバランスを整える

撮影した映像の色や明るさのバランスを合わせていきましょう。バランスカラーとマッチカラーの2つの方法があります。

1 バランスカラーを使う

バランスカラーを使用することで、クリップ全体の色のバランスを自動的に合わせてくれます。

■ 2つのクリップを並べる

クリップを2つ並べて色や明るさが違う場合は「カラーインスペクタ」から手動で補正することができます ❶。

■ 自動で色のバランスを合わせる

📷 → [バランスカラー] を選択することで自動でバランスを調整し、映像が引き締まって見えるようになります ❷。「方法」には「自動」と表示されるようになります ❸。

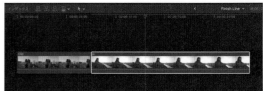
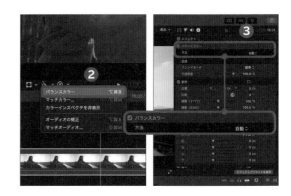

3 ホワイトバランスを合わせる

「バランスカラー」の「方法」を［ホワイトバランス］へと変更することで❹、映像内の本来白い箇所を選択することができます。今回は太陽の白飛びしている箇所を選択しました。そうすることで太陽の色が白くなるように画面全体の色を補正してくれるようになります。

2 マッチカラーを使用する

複数のクリップをつなげる場合に、色や明るさがバラバラだと切り替えが不自然になってしまいます。マッチカラーを使えば、特定のクリップの色や明るさに合わせて調整可能です。

1 マッチカラーを使用する

クリップを選択し、💥▾→［マッチカラー］を選択します❶。そうすると2画面表示になるので、タイムラインやプロジェクトから参照するクリップを選択し、［マッチを適用］をクリックします❷。

2 グラフで確認する

色や明るさをグラフで確認することで、数値的に色や明るさを把握することができます。メニューバーの［ウィンドウ］→［ワークスペース］→［カラーとエフェクト］を選択することで❸、色編集に特化した画面が開きます。複数のクリップの明るさや色が合っているかどうかを、グラフで確認することもできます❹。マッチカラーを使用することでクリップの色調が自動的に調整され、複数のシーンに対して統一感を持たせることができます。

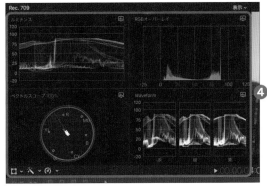

基本の編集
タイトル
カラーやエフェクト
オーディオ編集
イベント
YouTubeやSNS
Motion

Technique

41

2色の映像でデザインする

現代でもあえて白黒で撮影した映画が受賞したりします。デュオトーンと呼ばれる2色のデザインを使うことで、スタイリッシュな映像に仕上げられます。

1 白黒にする

20世紀初頭の映像のような昔ながらの演出をしたり、白黒のコントラストのみで映像を表現してみましょう。

1 白黒を適用する

映像クリップ（ここでは「Slow Clip」を使用）を挿入し、エフェクトブラウザの検索欄に「白黒」と入力します。「エフェクト」の「カラー」の中にある [白黒] を適用することで、映像が白黒に変わります ❶。

2 明るさを調整する

[Color] をダブルクリックします ❷。カラーパネルが表示されるので、明暗を調整するバーを動かして、画面全体の明るさを簡易的に調整することができます ❸。

104

3 コントラストを調整する

「カラーインスペクタ」を開き❹、「カラーボード」の［露出］を開きます。ここから「シャドウ」や「中間色」を下げることで、暗い箇所がさらに黒に近づくためコントラストがはっきりとします❺。「ハイライト」を上げて白飛びさせると、50年代のテレビ映像のような印象になります。

2 デュオトーンデザインを作る

2色のみで画面を構成するデュオトーンデザインは、ファッションやスポーツなどあらゆるCMやポスターにも使えるスタイリッシュな色表現です。

1 カラー化を適用する

映像クリップ（ここでは「Slow Clip」を使用）に対し「エフェクト」から［カラー化］を適用します❶。そうすると明るい箇所と暗い箇所の2色で分かれます。「Intensity」を「100」にすることで❷、はっきりと2色に分けることができます。

☀POINT

「Adobe Color」などのWebサイトでは、バランスのよい色を選択する便利な機能があります。気に入った色を「カラーコード」と呼ばれるコードを使用することで、同じ色を再び使うことができるようになります。

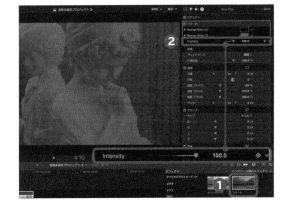

2 デュオトーンの色を変更する

「Remap Black To」では暗い箇所、「Remap White To」では明るい箇所の色を変更することができます❸。「カラー」を開き、「16進数カラー値」にPOINTのカラーコードを入力することで同じ色を使用することができます❹。

3 色相（ヒュー）を変更する

色相をずらす場合は、「カラーインスペクタ」の［＋ヒュー/サチュレーションカーブ］を追加します❺。ここから「ヒュー対ヒュー」の目盛りをずらすことで、カラーバランスを保ったまま色相をずらすことができます❻。

基本の編集

タイトル

カラーやエフェクト

オーディオ編集

イベント

YouTubeやSNS

Motion

42

アナモルフィックレンズ風の光線

カメラにアナモルフィックレンズやフィルターを使うことでシネマ的な光表現を
作ることができますが、編集で擬似的に特殊な光の反射を作ることもできます。

クリップをぼかして合成する

クリップを合成することで映像に明るさを加えることができます。事前に映像にぼかしを入れることで特徴的な光の合成を
表現できます。

1 クリップを複製する

クリップを Option キーを押しながら上にドラッグして複
製しておきます ❶。

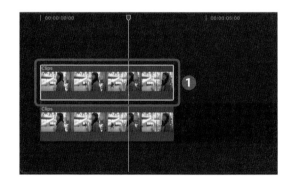

2 明るい箇所だけ残す

上に配置したクリップに対して、「カラーインスペクタ」
から [＋カラーカーブ] を追加しておきます ❷。「ルミナ
ンス」からグラフを明るい箇所だけ残すようにしていき
ます ❸。

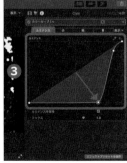

3 方向を適用する

「エフェクト」の「ブラー」から [方向] を適用します ❹。
「Amount」の数値を上げることによって一方向にブレが
発生します ❺。

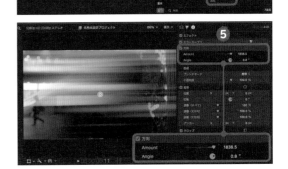

4 加算で合成する

「ブレンドモード」から [加算] や [スクリーン] などで、
暗い箇所をなくし明るい箇所で重ねる合成を行います
❻。こうすることでクリップの明るい箇所だけ表示さ
れ、上に重なります。

5 マスクを適用する

一部の光だけ表現したいので、「エフェクト」の「マス
ク」から [ビネットマスク] を適用します ❼。マスクの範
囲を人物の付近に配置することで、光表現を柔らかくす
ることができます。

6 別のブラーを適用する

❸ の手順で「方向」の代わりに [ガウス] を適用すると
❽、光が柔らかく強まり雰囲気を作ることができます。
また [放射状] にしてみると ❾、光が回転するような不
思議な表現になります。

基本の編集

タイトル

カラーや
エフェクト

オーディオ編集

イベント

YouTubeやSNS

Motion

43 プリズムを使ったレトロ表現

古いカメラで撮影したかのようなプリズムのブレを使用することで、懐かしい思い出表現を作っていきます。

1 微量のプリズムをかける

プリズムを適用するだけでも面白い視覚効果を作り出すことができますが、度合いを小さくすることでエフェクトを目立たせずに印象を変えることができます。

1 プリズムを適用する

クリップに対して「エフェクト」から［プリズム］を適用します❶。「プリズム」は映像にカラフルなブレを作ることができますが、焦点の合っていない映像などに使用することで、撮影時のミスを多少カバーすることもできます。

2 度合いと方向を調整する

「Amount」の数値を下げることで❷、「プリズム」のエフェクトが微量になります。「Angle」で「プリズム」の方向を変更できますが、今回は映像の左上から光が差し込んでいるため、方向もそれに合わせてみます❸。

3 ビデオカメラを適用する

クリップに対して「エフェクト」から［ビデオカメラ］を
適用することで、数十年前のビデオカメラで撮影したか
のようなガイドが表示されます❹。「ビデオインスペク
タ」の「ビデオカメラ」から表示方法を調整していくこと
ができます❺。

2 プリズムでトランジションを作る

プリズムを使うことで、映像が切り替わる際にカラフルなグリッチをかけることができます。

1 切り替える箇所をカットする

シーンが切り替わる3フレームほど前でクリップを
Command＋Bキーでカットしておきます❶。同様にシー
ンが切り替わったあとも、3フレームほどカットしてお
くとよいでしょう。

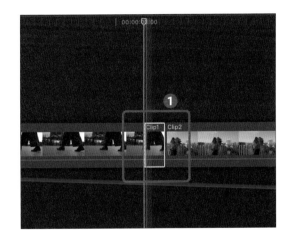

2 クリップにプリズムを適用する

カットしたクリップに対して「エフェクト」から［プリズ
ム］を適用します❷。「Amount」の数値を大きくするこ
とで❸、切り替わりの際の画面の不具合を表現すること
ができます。

基本の編集

タイトル

カラーや
エフェクト

オーディオ編集

イベント

YouTubeやSNS

Motion

44

フレームを使った画面演出

フレームを使って映像の周りを囲んだり、印象づけたい箇所をピックアップしたりするエフェクトを紹介します。

1 暗視スコープのような演出

エフェクトを適用することで、暗視スコープで人物を覗いているかのような演出ができます。

■1 ナイトスコープを適用する

映像クリップ（ここでは「Clip」を使用）を挿入します。エフェクトブラウザの中には枠組みとして使えるものがいくつかありますが、ここでは「エフェクト」から [ナイトスコープ] を映像に適用します ❶。そうすると暗視スコープのような画面へと変わります。

■2 円形のスコープに変更する

枠組みは設定を変更することができます。今回は「Scope」を [Cirlce] に変更しておきます ❷。スコープの位置は画面内のハンドルをドラッグして変更します ❸。「Overlays」を [Overley 2] に変更して ❹、画面内に文字やグリッドを表示します。

2 フレームで映像内に枠組みを作る

フレームのエフェクトを適用することで、映像内に特殊な枠組みを設定することができるようになります。

■ フレームを適用する

映像クリップ（ここでは「Clip」を使用）を挿入し、「エフェクト」から［フレーム］を適用します❶。「Type」からさまざまなフレームを選ぶことができます。［Aged Stacked］に設定して❷、古い写真フレームを設定しておきます。

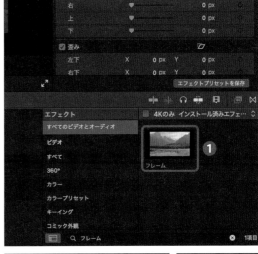

■ 静止画に切り替える

Command + B キーで見せたいシーンをカットします❸。後ろのクリップは Shift + H キーで、静止画に変更できるので長さなどを調整して配置します❹。こうすることで、クリップの後半から古い写真フレームに切り替わる演出ができます。

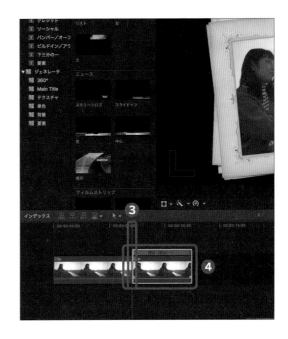

基本の編集

タイトル

カラーやエフェクト

オーディオ編集

イベント

YouTubeやSNS

Motion

3 カメラのシャッターを切る

「一眼レフ」のエフェクトを用いて、カメラのシャッターを切る動きを作っていきます。

1 一眼レフを適用する

前半のクリップに、「エフェクト」から［一眼レフ］を適用します❶。「Defocus」を「0」にすることで、映像すべてにピントが合った状態になります❷。

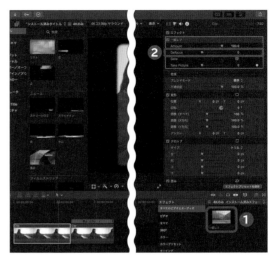

2 シャッターを切る

「Take Picture」にキーフレームを入れておきます❸。数値を「100」にすることでシャッターが降りるので、シーンの切り替えの際にシャッターが降りるようにしておきます。切り替わりの際に❹、［レンズフレア］などのトランジションを加えてもよいかもしれません❺。

3 背景を作る

切り替わった後の背景素材として、「ジェネレータ」から［コラージュ］を静止画クリップの下に配置しておきます❻。背景素材は「エフェクト」にある「ブラー」の［焦点］などを適用して❼、ぼかしておいてもよいかもしれません。

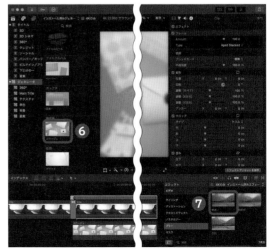

45

印刷物のような質感にする

撮影した映像を印刷物やアートポスターのような質感にしてみましょう。テキストを挿入したり、デザインされた画面構成を作ったりしやすくなります。

基本の編集

タイトル

カラーやエフェクト

オーディオ編集

イベント

YouTubeやSNS

Motion

1 新聞用紙のような質感にする

まず「コミック外観」のエフェクトを適用することでアメコミのような質感にすることができます。さらに「新聞用紙」のエフェクトを加えることで、紙のような見た目にすることができます。

1 コミック（基本）を適用する

クリップ（ここでは（Clip）を使用）に対し、「エフェクト」の「コミック外観」の中にある［コミック（基本）］を適用します **❶**。映像内のディテールが簡略化されて、エッジ部分がインクのように表現されます。

2 インクの滑らかさを変更する

「Ink Edges」の数値を上げることで、映像内のエッジ部分がより鮮明になります。「Ink Smoothness」の数値を上げることで、エッジ部分が滑らかになります **❷**。

❸ 新聞用紙を適用する

「エフェクト」から［新聞用紙］を適用することで、画面上に印刷用紙のようなドットが追加されます ❸。「Brightness」を下げて画面の明るさを下げます。「Amount」や「Scale」で、ドットの点の大きさなどを調整することができます ❹。

2 テクスチャを加えてアート風に仕上げる

スケッチのエフェクトを適用することで色鉛筆のような質感に変更し、テクスチャのエフェクトから背景の素材を変更することができます。

❶ スケッチを適用する

クリップ（ここでは「Clip」を使用）に対し、「エフェクト」から［スケッチ］を適用します ❶。「Intensity」の数値を上げることで色鉛筆で描いた質感が強くなるので、映像とエフェクトを見ながら数値を調整しておきます ❷。

❷ テクスチャを追加する

「エフェクト」から［テクスチャ］を追加することで ❸、木のテクスチャの上に映像の暗い箇所が浮き出るような表現を作ることができます。エフェクトは上から順番に処理されるため、「スケッチ」で鉛筆のスタイルになった状態で、木のテクスチャの上に表示されるようになります。

3 ジェネレータを追加する

テクスチャ用として、「ジェネレータ」から［ペーパー］
を追加します❹。「Type」を変更することで、紙の質感
を選択することができます❺。

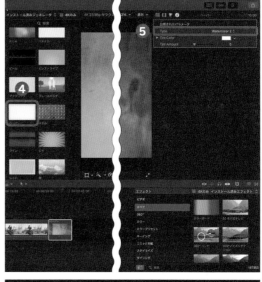

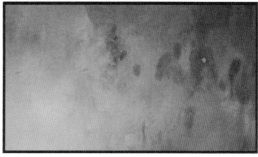

4 テクスチャを変更する

「ビデオインスペクタ」の「テクスチャ」から［Texture］
をクリックすることで、テクスチャを選ぶことができま
す❻。挿入した［ペーパー］のジェネレーターを選択し、
［クリップを適用］をクリックすることで、テクスチャに
ペーパーが適用されます❼。「テクスチャ」から数値を調
整して、見せ方を変更してみましょう❽。

基本の編集

タイトル

カラーや
エフェクト

オーディオ編集

イベント

YouTubeやSNS

Motion

パーティクルを追加する

魔法の粉が舞うパーティクル表現は、CGソフトなどを使う必要があると思いがちですが、Final CutPro内ではパーティクル素材を追加することができます。

1 グリマーを配置する

画面内にレンズボケや幻想的な雪のようなふんわりとしたパーティクルを加える場合、「グリマー」を追加することでパーティクルを追加できるます。

1 グリマーを配置する

「ジェネレータ」から [グリマー] を選択し、映像クリップ（ここでは「Clip」を使用）の上に配置します ❶。

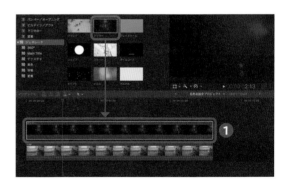

2 パーティクルを調整する

「ジェネレータインスペクタ」から「Show Background」のチェックを外すことで ❷、背景が消えてパーティクルのみが表示されるようになります。ここではそのほかに、パーティクルの大きさや量、スピードなどを調整することができます。今回はパーティクルの量を減らすため「Particles」の数値を下げます ❸。

❸ パーティクルの色を変更する

「Hue」の角度を変更することでパーティクルの色を変更することができます。また「Saturation」では色の彩度を変更できます❹。

2 ドリフトを配置する

「ジェネレータ」からドリフトを加えることで、シャボン玉のようなパーティクルや、ホコリが舞うようなパーティクルを画面いっぱいに広げることができるようになります。

❶ シャボン玉のパーティクルを加える

「ジェネレータ」から［ドリフト］を選択し❶、映像クリップ（ここでは「Clip」を使用）の上に配置することで、画面にシャボン玉が浮遊するエフェクトがデフォルトで適用されます。映像によっては「ブレンドモード」から［オーバーレイ］などに変更することで❷、映像に馴染むようになります。

❷ パーティクルの調整を行う

「ドリフト」もグリマー同様に、「ジェネレータインスペクタ」から数値の調整を行うことができます。「Number」ではシャボン玉の数を増減、「Scale」では大きさを制御、「Speed」では動く速さを調整することができます❸。

❸ ホコリに変更する

「Shape」から［Dust］へと変更することで、シャボン玉の代わりにホコリが舞う映像にすることもできます❹。そのほかにも、［Sparks］では魔法の粉が舞うような印象にすることができるので、見せたいスタイルによって変更してみましょう❺。

基本の編集

タイトル

カラーやエフェクト

オーディオ編集

イベント

YouTubeやSNS

Motion

Technique 47 時代劇風に見せる

時代劇映画のような古い質感の映像にして、上下に配置する黒幕を作成していきます。また録音した声を、古いテレビのような響きにしていきます。

1 古い映画のような画面にする

ノイズや黒幕が挿入されているのが古い映画の特徴です。エフェクトを用いて表現していきましょう。

🔳 古いフィルムを適用する

映像クリップに対して、「エフェクト」から［古いフィルム］を適用します❶。画面内に黒い縦線のノイズが追加されます。

🔳 ノイズを増やす

「Style」を［iMovie Grain］に変更することで、画面に黄色味が増えるようになります❷。「Scratches」や「Dust」、「Hairs」の数値を上げることで、画面内にホコリや髪の毛のようなノイズがチラチラと映るようになります❸。

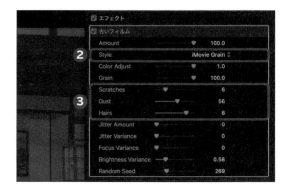

❸ 黒帯を追加する

映像クリップに対して、「エフェクト」から [レターボック
ス] を適用します ❹。「Aspect Ratio」から [2.35:1]
に変更することで ❺、シネマスコープと呼ばれる映画の
縦横比率で黒帯を追加することができます。

2 録音した音声を古いテレビ風にする

Final Cut Proでは、編集中に映像に合わせて声を直接挿入できるアフレコ機能があります。さらに、アフレコした音声に
エフェクトを適用して、古いテレビのようにしていきます。

❶ アフレコを録音する

メニューバーの [ウィンドウ] → [アフレコを録音] を選
択します ❶。🔴をクリックすることで ❷、映像が再生さ
れるので、マイクに向かって発声して録音を行います。

❷ 古いテレビ風の声にする

録音した音声クリップに対し、「エフェクト」から [テレ
ビ] を適用します ❸。プリセットを「古いテレビ」に変更
することで、古いテレビのような音声にすることができ
ます。

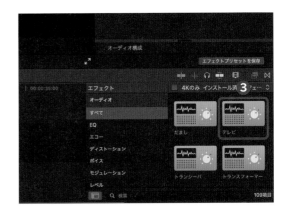

基本の編集

タイトル

カラーや
エフェクト

オーディオ編集

イベント

YouTubeやSNS

Motion

48

コミック風にする

コミックフィルターを使うことで、アニメのような表現や二次元創作物のような表現に映像を置き換えることができます。

コミックのエフェクトを適用する

Final Cut Proに装備されているコミックのエフェクトを適用するだけで、映像がコミックテイストに変化します。明るさや色などを調整することで、表現の幅が広がります。ここでは「C0129」という映像クリップを使用しました。

1 コミックの種類から選ぶ

「エフェクト」の検索欄に「コミック」と打つと、さまざまなコミックスタイルのエフェクトが登場します。ここでは [コミック（クール）] を適用してみます ❶。

2 映像の明るさを変更する

コミックでは映像の明暗差によって表現が変わってきます。そこで「カラーインスペクタ」から、「露出」で明るさを調整します ❷。このときにエフェクトの項目に「コミック（クール）」が「カラーボード」の上に配置されていると、「コミック」が適用された後の明るさが変わってしまいます。「カラーボード」をドラッグして「コミック（クール）」の上におくことで ❸、映像の明るさを変更してから「コミック（クール）」が適用されるようになります ❹。

3 全体の色を変更する

全体的な色を変更する場合は、「カラーインスペクタ」の「カラー」を調整することで変更することができます **5**。

4 インクのエッジを調整する

「コミック（クール）」の「Ink Edges」や「Ink Smoothness」の数値を変更することで、映像の線を調整することができます **6**。また実際の映像と馴染ませる場合は、「Mix」の数値を下げることでコミックエフェクトの度合いが小さくなります **7**。「Mix」はキーフレームアニメーションで、徐々に映像から漫画表現に変わるようにしてもよいかもしれません。

5 タイトルを挿入する

「タイトル」から「コミックブック」の項目を確認すると、コミックスタイルにあったタイトルを探すことができます **8**。これらを使用して、名前などを記載してみましょう。

基本の編集

タイトル

カラーやエフェクト

オーディオ編集

イベント

YouTubeやSNS

Motion

Technique 49

ビデオスコープで色を補正する

色を編集する際にビデオスコープを確認をすることで、感覚ではなく数値として明るさや色を把握することができるようになります。

波形を調整する

ビデオスコープに表示される波形を見ながら、適度な明るさにしたりコントラストの強さなどを補正したりすることができます。

1 ビデオスコープを表示する

メニューバーの［表示］→［ビューアに表示］→［ビデオスコープ］を選択するか、Command + 7 キーを押すとビデオスコープが表示されます❶。また［ウィンドウ］→［ワークスペース］→［カラーとエフェクト］を選択すると❷、色を調整する際に役立つワークスペースが表示されるようになります。

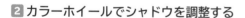

2 カラーホイールでシャドウを調整する

「カラーインスペクタ」から［＋カラーホイール］を追加します❸。「シャドウ」の「ブライトネス」の箇所を下に下げることで、映像内の暗い部分をさらに暗くすることができます❹。その際にビデオスコープの「ルミナンス」の下部が下がるので、0よりも少し上に来るようにしておきます❺。

3 カラーカーブを表示する

[＋カラーカーブ] を追加しておきます ❻。「ルミナンス」のカーブが出現するので中心に点を打ち、さらに中心とカーブの端の中間に点を打ちます ❼。

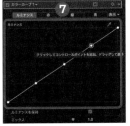

4 コントラストを強くする

カラーカーブの左下の点をドラッグして下げます ❽。そうするとルミナンスの中間の暗い箇所が、さらに下がって暗くなります。反対にカーブの右上の点はさらに持ち上げることで、中間の明るい箇所がさらに明るくなります ❾。明るい箇所をさらに明るく、暗い箇所をさらに暗くすることで、コントラストが強まり色が際立つように見えます。

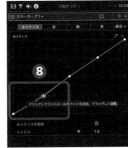
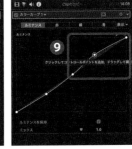

5 編集前と比べる

「エフェクト」のチェックボックスを外すことで、補正前のクリップが表示されます ❿。オン／オフをしながら色の変化を確認してみましょう。

6 カラーマスクで顔を鮮やかにする

再び [＋カラーホイール] でカラーホイールのエフェクトを追加します ⓫。「マスク」のメニュー（🔘）から [カラーマスクを追加] をクリックします ⓬。この状態で映像内の顔をドラッグすると、顔と同じ色の箇所が選択されます。「グローバル」の左側のバーを持ち上げることで顔の色が鮮やかになります ⓭。

7 選択範囲を反転する

「マスク」から [外側] に変更することで ⓮、選択した顔以外の箇所の色や明るさを変更することができます。今回は「シャドウ」のハンドルを青系にドラッグして暗部を青くしていきます ⓯。

50

部分的に色を変更する

車や飲み物など、映像内の一部分だけの色を変更していく演出を作っていきます。
色を変更するだけでなく、明るさや鮮やかさも調整することもできます。

カラーボードのマスクを使う

カラーボードでは明るさやサチュレーションを調整することができます。また特定の色を選択することによって、部分的に
色を変更することができます。ここでは「Clip1」という映像クリップを使用しました。

1 カラーボードを適用する

「エフェクト」から [カラーボード] を適用することで ❶、
ビデオインスペクタに「カラーボード」のエフェクトが
追加されます。今回は紫の服を変更していきます。

2 カラーマスクを追加する

「エフェクト」の「カラーボード」の「マスク」のメニュー
（🔳）から、[カラーマスクを追加] を選択します ❷。

3 変更したい色を選択する

カラーピッカーで変更したい色をクリックすることで、その色の範囲だけが選択された状態になります ❸。[マスクを表示]の箇所から[カラー]を選択することで、選択した箇所だけが表示されます ❹。

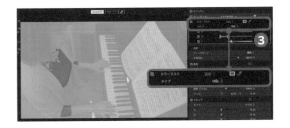

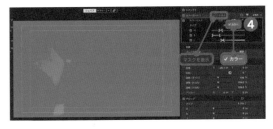

4 カラーマスクの調整をする

カラーマスクから範囲を選択して服がすべて選択されるようにしていきます ❺。「H」は「色相（Hue）」を表しており、色の範囲を選択することができます。「S」は「彩度（Saturation）」を表しており、色の鮮やかさで選択することができます。「L」は「輝度（Lightness）」を表しており、映像の明るさで選択することができます。

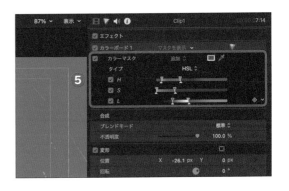

5 カラーインスペクタで色を変更をする

「カラーインスペクタ」のカラーのところでも色を変更することができます ❻。グローバル ❼ では全体的な明るさで色を変更することができます。暗い部分だけや明るい部分だけで色を変更したい場合は、「シャドウ」「中間色調」「ハイライト」などを個別に変更するとよいでしょう。

6 はみ出た箇所を調整する

色を変更した際に反射などによって周りの色も変更されてしまう場合があるため、マスクで囲んでいきます。カラーボード横の「マスク」のメニュー（⬛）から[シェイプマスクを追加]を選択します ❽。服の周辺に合わせてマスクを囲んでいくことで、囲んだ箇所のみの色が変更されることになります ❾。

基本の編集

タイトル

カラーやエフェクト

オーディオ編集

イベント

YouTubeやSNS

Motion

51

VHS 風にする

VHSのような古い画質の見た目にすることで、レトロな印象のミュージックビデオなどを作ることができます。

エフェクトを重ねて画質を落とす

オールドルックに見せるためにノイズやブラー、プリズムといったエフェクトを重ねていきます。

1 プロジェクトサイズを小さくする

Command + N キーで新規プロジェクトを作成する際に、「ビデオ」から[カスタム]を選択し、「解像度」を「720×480」で作成することで画質を少し落とすことができます❶。

2 ノイズを追加する

クリップを挿入し、「エフェクト」から[ノイズを追加]を適用します❷。「Blend Mode」を[カラードッジ]に変更しておきます❸。「Type」を[ガウスノイズ(フィルムグレイン)]に変更します❹。「Amount」は「0.3」にしておきましょう❺。

3 ガウスで全体をぼかす

「エフェクト」の「ブラー」にある[ガウス]を適用します❻。「Amount」を「2.0」にして画面全体に若干のぼかしを加えます❼。

4 シャープネスを適用する

「エフェクト」から[シャープネス]を適用します **8**。「Amount」の数値を「8.0」にしておきましょう **9**。一度ぼかしたクリップをシャープにすることで、ディテールが失われます。

5 画質の悪いテレビを適用する

「エフェクト」から[画質の悪いテレビ]を適用します **10**。「Amount」を「8.0」にしておき、「Static Blend Mode」を[ソフトライト]に変更することで **11**、画面全体にデジタル感のあるグリッドが薄く表示されます。

6 プリズムを適用する

「エフェクト」から[プリズム]を適用します **12**。「Amount」を「10.0」にしておき、画面にかすかに色のブレを作ります **13**。

7 コントラストを上げる

「カラーインスペクタ」から[＋カラーカーブ]を追加しておきます **14**。カーブの上方を持ち上げ、明るい箇所をさらに明るくしておきます **15**。カーブの下をさらに下げて、暗い箇所をさらに暗くしてコントラストを作ります。

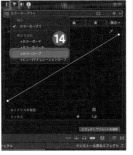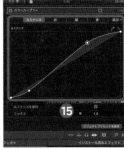

8 色味をつける

「カラーボード」を表示しておき、それぞれのハンドルを動かすことで、映像の上に色味を加えることができます **16**。今回は画面の中に適度に紫が加わるように調整しています。

基本の編集

タイトル

カラーや
エフェクト

オーディオ編集

イベント

YouTubeやSNS

Motion

52

ルミナンスキーヤーで
明暗の合成をする

エフェクトのルミナンスキーヤーを使うことで、明暗差でキーイング(映像の一部を抜き出すこと)を行うことができます。

ルミナンスキーヤーで空を切り抜く

カメラを下に配置することで空を大きく撮影することができます。その際にルミナンスキーヤーを適用することによって、空の部分だけを切り抜き、別の素材を挿入することができるようになります。

1 カラーカーブを追加する

映像クリップ(ここでは「Silhouette」を使用)を挿入して「カラーインスペクタ」を開き、メニューから[+カラーカーブ]を追加します❶。

2 明暗差を作る

カーブの上は映像の明るい箇所、下の方は暗い箇所の編集を可能にします。今回はコントラストを上げるために「ルミナンス」グラフの上の方を持ち上げて、空をさらに明るくしておきます❷。

③ ルミナンスキーヤーを適用する

「エフェクト」から [ルミナンスキーヤー] を適用します
❸。デフォルトの状態では、映像の暗い部分が切り抜か
れるようになります。

④ マットで編集を行う

「表示」を「マット」に変更することによって❹、白黒で
表示されます。ルミナンスのグラフを動かしながら、空
と被写体の箇所が切り分けられるようにハンドルを動か
しておきましょう❺。この状態でもシルエット映像とし
て使うことができます。

⑤ 空を切り抜く

「反転」にチェックを入れることによって❻、空の部分を
透明にすることができます。ここに別の空の映像を挿入
したり、別の素材を挿入したりすることもできます。今
回の蒸気素材は下記リンクからDLしたものを使用しまし
た。

使用素材　https://www.pexels.com/ja-jp/video/1943483/

⑥ 素材を空の上に配置する

Pexelsからダウンロードした、黒背景の映像素材に「エ
フェクト」から [ルミナンスキーヤー] を適用すると、黒
い部分を透明にすることができます。さらに元の映像素
材を一番下に配置することで、空と被写体の間に素材を
入れ込むことも可能です❼。

基本の編集

タイトル

カラーや
エフェクト

オーディオ編集

イベント

YouTubeやSNS

Motion

53

フィルターやLUTで
明るい雰囲気にする

Final Cut Pro内ではカラーインスペクタを使ったり、LUTなどのプリセットをインストールすることで、カラー表現の幅を広げることができます。

1 露出と色を補正する

必ずしも撮影した映像がベストとは限りません。そこでFinal Cut Proのカラーインスペクタで、露出やサチュレーションを補正していきます。

1 カラーカーブを開く

「カラーインスペクタ」を開き「露出」のところから映像の明るさを調整することができますが、今回は「カラーカーブ」から明るさを補正していきます。「カラーインスペクタ」のタブを開くと、[＋カラーカーブ]の項目があるのでこれを選択します❶。

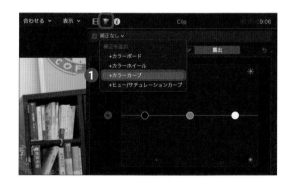

2 中間色調を明るくする

カラーカーブでは右上が最も明るいハイライト、左下が最も暗いシャドウを表しています。今回は真ん中の中間色調を持ち上げて、中間の明るさを上げていきます❷。

3 サチュレーションで色鮮やかにする

明るさのコントラストが高いほど色鮮やかに見えるため、中間色調を明るくすると色が薄く見えてしまいます。そこで「カラーボード1」のメニューを開いておき、サチュレーション（彩度）を上げて、色鮮やかにしていきます❸。「グローバル」では映像全体の彩度を上げることができますが、中間色調のみの彩度を上げることもできます❹。

2 カラープリセットを使う

あらかじめ準備されているカラープリセットや外部のLUTを読み込むことで、映像に色味や雰囲気を加えることができます。

1 暖かみのある雰囲気にする

映像に対して「エフェクト」の「カラープリセット」から[暖かく]を適用します❶。暖色系のプリセットを加えることで、画面がほんのりオレンジ色になるため、暖かみのある印象になります。

2 LUTをダウンロードする

LUTをダウンロードします。LUTとは「Look Up Table」の略で、映像に当てるカラープリセットのようなものです。外部サイトでもさまざまなクリエイターが制作したLUTをダウンロードすることができるので、色の選択に時間をかけずに雰囲気を決めることができます。今回はenvatoelements（https://elements.envato.com/creative-luts-pack2-video-color-granding-filters-DA2CVQE）からダウンロードしています。無料のLUTを提供する人も多いので探してみるとよいかもしれません。

3 カスタムLUTを使う

映像に対して［カスタムLUT］のエフェクトを適用します❷。「LUT」から［カスタムLUTを選択］へと進み、ダウンロードしたLUTのプリセットを選択することで、Final Cut Pro内でフィルターとして使用することができます❸。適用されたら「ミックス」で適用度合いを調整します❹。

基本の編集

タイトル

カラーやエフェクト

オーディオ編集

イベント

YouTubeやSNS

Motion

ティール＆オレンジの色補正

補色関係のティール＆オレンジに色を補正することで色にコントラストができ、肌の色や夕日などを強調することができます。

肌の色を抽出して編集する

特定の色を抽出することで、選択した色とそれ以外で編集を分けることができます。

■ カラーホイールを開く

「カラーインスペクタ」から［＋カラーホイール］を選択します❶。ここでは映像の色相を変更していくことができるため、青みがかった画面やオレンジの画面などを作ることができます。

■ 肌の色を抽出する

「カラーホイール」の「マスク」のメニュー（■）から［カラーマスクを追加］を選択することで❷、特定の色を抽出することができます。肌の色を選択しドラッグすることで❸、映像で似たような色を選択できます。

3 選択範囲を変更する

[マスクを表示] をクリックすることで❹、選択した範囲のみを表示することができます。「HSL」の範囲を変更することで、それぞれ「H（色相）」「S（彩度）」「L（輝度）」で範囲の選択をすることができます❺。

4 肌以外の色を寒色系にする

「マスク」を [外側] に設定することで❻、選択した肌の色以外が選択されるようになります。この状態で「カラーホイール」の「グローバル」を寒色系に動かすことで❼、暖色と寒色のコントラストができます。

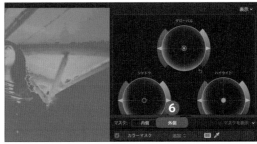

5 シャドウの影響を無くす

[＋ヒュー/サチュレーションカーブ] から「ルミナンス対サチュレーション」へと進み、グラフのシャドウのところだけを下げておきます❽。こうすることで暗い部分だけ彩度が失われるため、黒を引き締めることができます。

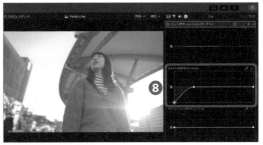

基本の編集

タイトル

カラーやエフェクト

オーディオ編集

イベント

YouTubeやSNS

Motion

6 肌に暖色を足す

肌の色をもう少し赤く色相を変更したい場合は、「ヒュー対ヒュー」で再び肌の色を選択しておきます❾。グラフ上に3点表示されるので、真ん中の点を上下に動かすことで肌の色を少しオレンジにしていくことができます❿。

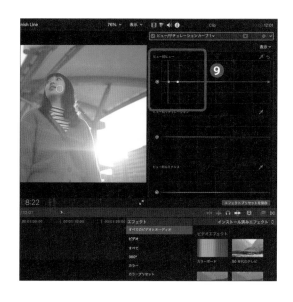

7 全体にオレンジを足す

全体的に暖色系にしたい場合は、「カラーボード」から「グローバル」の数値を動かして、上から色味を加えていきます⓫。また、「シャドウ」や「中間色調」、「ハイライト」から、明るさに合わせて色を変更することもできます。

オーディオ編集
テクニック

動画編集の際にオーディオ編集は欠かせません。動画
に合わせた音楽や効果音を挿入することで、臨場感あ
ふれる動画に仕上げることができます。ここでは音楽
の挿入やサウンド設定のほか、ノイズを除去する方法
などを紹介します。

55

編集画面に音楽を挿入する

Final Cut Proには1,300以上の効果音が備わっていますが、効果音以外にも音声を挿入することができます。まず基本的な操作方法を押さえておきましょう。

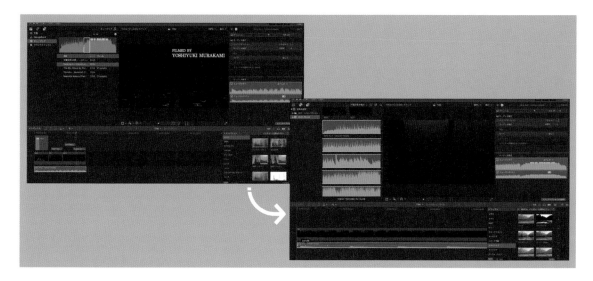

編集画面に音声を取り込む

フリー素材などを入手してファイルを移動することで、入手した音声がFinal Cut Proに追加されるようになります。

1 フリー音源を入手する

YouTubeアカウントを持っている場合は、「YouTube Audio library」から無料で音楽をダウンロードすることができます ❶。ほかにも音楽をフリーで提供しているところはさまざまありますので、探してみましょう。

2 Final Cut Proの効果音を追加する

Final Cut Proを購入すると、1,300以上の効果音が無料で使えるようになります。メニューバーの [Final Cut Pro] → [追加コンテンツをダウンロード] をクリックすると ❷、Final Cut Pro内に効果音が追加されます。

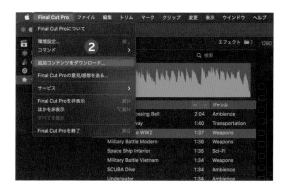

❸ 自前の音源を挿入する

今回は「Video Copilot」で購入した効果音をFinal Cut
Pro内で使えるようにします。[Macintosh HD] → [ラ
イブラリ] → [Audio] → [Apple Loops] → [Apple]
→ [Final Cut Pro Sound Effects] をクリックし❸、
フォルダ内にあらかじめ効果音が入ったファイルを挿入
しておくと、Final Cut Proに効果音が追加されます。

❹ タイムラインに挿入する

Final Cut Proに挿入された音楽は検索欄から探すこと
ができるので❹、効果音にはオノマトペを加えるなど、
あらかじめ見つけやすいようにキーワードを打っておく
とよいでしょう。音声クリップは動画や画像クリップと
同じように I キーを押してイン点を打ち、O キーを押し
てアウト点を打ってから❺タイムラインに挿入すること
ができます。

❺ 音楽にキーフレームを打つ

映像クリップと同様に音楽にもキーフレームを打つこと
ができます。音声にキーフレームを打つことで、シーン
ごとに音量を変更することができるようになります。
Option キーを押すとその地点での音量の数値が保持され
ます❻。今回はキーフレームを2つ打ち、最初のキーフ
レームを -∞ にまで下げて❼、徐々に音が大きくなるよ
うにしておきます。また、「オーディオインスペクタ」か
ら音を調整することも可能です。

基本の編集

タイトル

カラーやエフェクト

オーディオ編集

イベント

YouTubeやSNS

Motion

56 映像と音声をクロスフェードで ゆっくり切り替える

映像を切り替える際、急に音が切り替わると唐突な印象を与える場合があります。
クロスフェードを使ってゆっくり音声を切り替えてみましょう。

1 切り離した音声を手動でフェードする

音声ファイルを映像と切り離すことで個別に編集を行うことができます。映像の始まりと終わりで音声が徐々に切り替わる
ようにしてみましょう。

1 音声を切り離す

まずタイムラインに映像クリップを並べます。選択ツー
ルで、クリップの音声の波形が表示されている箇所をダ
ブルクリックすると、音声が映像クリップと一時的に切
り離されます❶。再びダブルクリックすると元に戻りま
す。

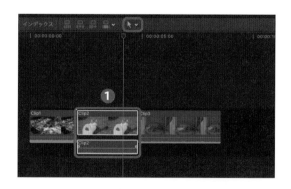

2 音声クリップをオーバーラップする

前準備として、長めのクリップは短くカットしておく必
要があります。ダブルクリックしたクリップに対して音
声クリップの端部分をドラッグすると、音声ファイルの
みを伸ばすことができます❷。最初のクリップの終わり
を伸ばし、次のクリップと重なるようにしておきましょ
う。

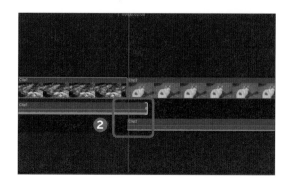

3 オーディオのフェードを作る

クリップの端に表示されるハンドルを左右にドラッグし
てオーディオをフェードさせることができます **3**。次の
シーンに切り替わる際にオーディオをフェードアウトさ
せると徐々に音が小さくなり、次のシーンに切り替わる
際にフェードインすると徐々に音が大きくなります。

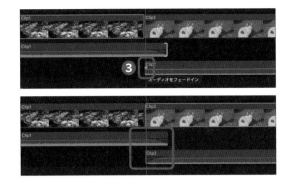

2 ショートカットでフェードを作る

事前にフェード時間を決めておくことで、ショートカットキーを使ってシーンを切り替えることができるようになります。

1 編集の環境設定を行う

メニューバーの [Final Cut Pro] → [環境設定] をク
リックします **1**。[編集] をクリックすると **2**、基本的な
トランジションの設定を決めることができます。「継続
時間」の「オーディオフェード」を「1.00秒」にすると
3、オーディオのフェードが1秒かけて行われるように
なります。

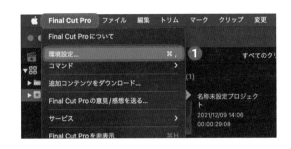

2 オーディオのクロスフェードを作る

T キーを押してトリムツールにし、クリップを切り替え
たい箇所を調整します **4**。2つのクリップが選択されて
いる状態で Option + T キーを押すと、自動的に徐々に音
声が切り替わるクロスフェードが適用されます **5**。

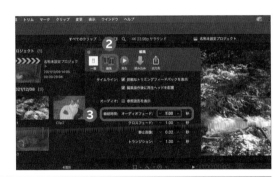

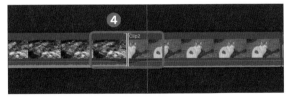

Check! クリップの長さに注意

重なるクリップの尺が短い場合は警告が出てくるため、事前
にクリップの長さには余裕を持たせておくとよいでしょう。

基本の編集

タイトル

エフェクトやカラー

オーディオ編集

イベント

YouTubeやSNS

Motion

Technique

57

音声のノイズを除去する

会話シーンなどを撮影した場合に、環境音やホワイトノイズと呼ばれる音を除去したり、修復したりする方法を解説します。

1 オーディオを自動補正する

Final Cut Proにはさまざまなオーディオ補正ツールが収められています。「オーディオの補正」では自動で解析と修復を行ってくれます。

■1 オーディオの補正を行う

補正したいクリップをすべて選択します。ビューアの「色補正とオーディオ補正」から[オーディオの補正]をクリックします❶。

■2 インスペクタで確認する

「オーディオインスペクタ」の「オーディオ補正」を開きます❷。オーディオに問題がない場合は、「オーディオ解析」にチェックがつきます。問題がある場合はここから修正を加えることができます。

2 手動で「オーディオ補正」を行う

「オーディオ補正」の項目では、手動で音を再生しながら設定を行うことができます。

1 補正のメニューを表示する

「オーディオ解析」の右側の［表示］をクリックすると❶、手動で補正を行うメニューがさらに表示されます。「ラウドネス」❷では音量を調整でき、タイムラインのレベル調整で音量が不足した際に使うことができます。「ノイズ除去」❸では空調などのノイズを除去できます。「ハムの除去」❹では電源などの周波数ノイズを除去できます。

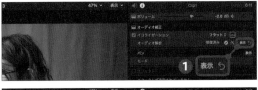

2 イコライゼーションを調整する

「オーディオ補正」の「イコライゼーション」のポップアップメニューからプリセットを選ぶことができます❺。ここでは［ハムリダクション］を選択しました。「グラフィックイコライザ」では、グラフでイコライザの調整が行え❻、 Space キーを押して何度も音声を確認しながら編集を行います。

3 エフェクトを適用する

サウンドエフェクトの中には音声のノイズを除去するエフェクトも準備されています。

1 Denoiserを適用する

「エフェクト」の「オーディオ」には、サウンドに関するエフェクトが収録されています。「特殊」の［Denoiser］を適用すると❶、ノイズ除去よりもさらに細かいノイズの調整を行うことができます。

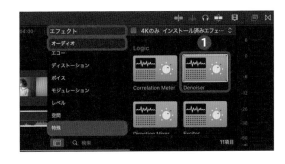

基本の編集

タイトル

カラーやエフェクト

オーディオ編集

イベント

YouTubeやSNS

Motion

58

空間的なオーディオを設定する

クリップのオーディオには複数のチャンネルが設定されており、チャンネルを操作することで臨場感のある立体的なサウンドを作ることができます。

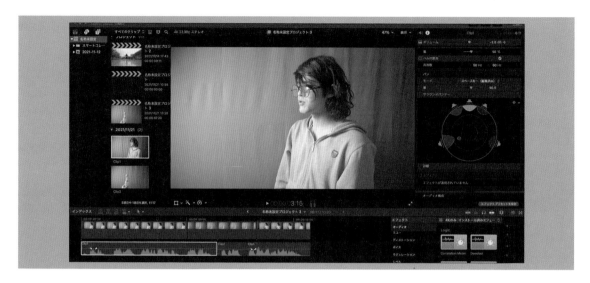

「パン」でサラウンドを調整する

オーディオを立体的に表現するには、右と左の2方向から聴こえる「ステレオ」と、5つ以上のスピーカーをイメージした「サラウンド」を調整します。

1 プロジェクトのオーディオ設定をする

Command + N キーを押して新規プロジェクトを作成すると、「オーディオ」から [サラウンド] または [ステレオ] を選択することができます ❶。ステレオは右と左で調整する必要がありますが、サラウンドは立体的な音響効果を使う際に役立ちます。

2 パンで選択する

「オーディオインスペクタ」の「オーディオ補正」の中にある「パン」でステレオやサウンドの設定を行うことができます ❷。サラウンドの場合はさまざまなプリセットから選択することができます。今回は [スペースを作成] を選択します ❸。

3 サラウンドパンナーを編集する

5つのスピーカーが表示された画面が開きます。キーフレームを打ち、画面内の色のついた箇所をドラッグすると❹、ヘッドフォンで聴いた際にどの箇所の音が大きくなるかを調整することができます。

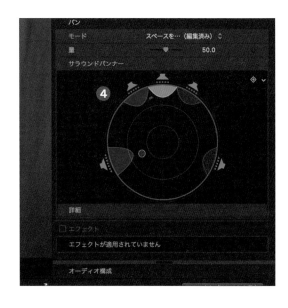

4 ノイズを除去する

「エフェクト」の「オーディオ」にある「特殊」から [Denoiser] を適用します❺。「Threshold」や「Reduce」の数値を調整して❻、音声のノイズを低減させます。

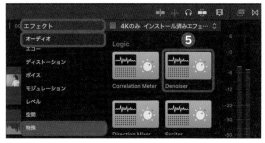

5 室内の反響を作る

「エフェクト」の「オーディオ」にある「空間」から、空間内の反響音などを再現することができます。[中くらいの部屋] を適用すると❼、声がこもったような印象になります。

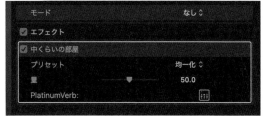

基本の編集

タイトル

カラーやエフェクト

オーディオ編集

イベント

YouTubeやSNS

Motion

Technique

59

音量の調整とロール編集

映像を収録してシーンを作る際に音声も編集していきます。シーンと音声のタイミングや音声内のノイズの処理を行いましょう。

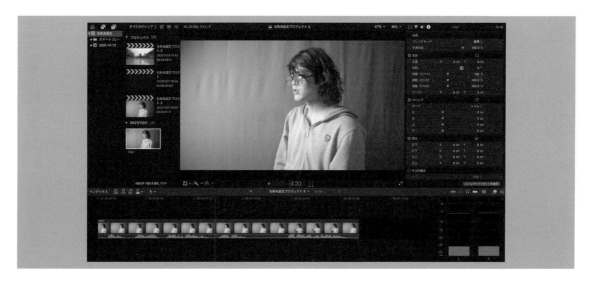

1 編集画面を設定する

音声を編集しやすいようにオーディオの操作環境を整えていきます。

1 オーディオメーターを表示する

ビューアの [オーディオメーター] をクリックすると❶、音声レベルを確認するオーディオメーターをタイムラインの右側に表示させることができます。

2 アピアランスを変更する

オーディオ波形を見やすくするために、▦をクリックして❷、アピアランス (外観) を変更しておきます。タイムライン上でオーディオの波形が大きく見えるようになります。

2　音量を調整する

クリップの音量を調整していきます。キーフレームを使うことで部分的に音量を調整することもできます。

1 クリップの音量を上げ下げする

クリップの「音量コントロール」のラインをドラッグすると音量を変えることができます❶。波形は音量を表しています。音量が大きすぎると黄色や赤色で表示され、音割れやノイズが発生するため、音量が大きい場合は下げておきます。

2 複数のクリップの音量を調整する

タイムラインで音声を変えたいクリップを複数選択します。「オーディオインスペクタ」から「ボリューム」を調整すると❷、選択したクリップの音量を変更することができます。

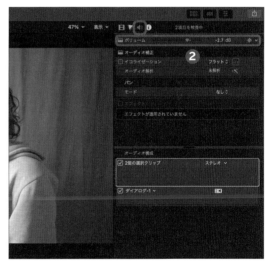

3 キーフレームで範囲ごとに音量を変える

オーディオの波形に対して Option キーを押すと、キーフレームを追加することができます❸。キーフレームを4つ打ち、その間を上下させることで範囲内の音量を調整することができます。

基本の編集

タイトル

カラーやエフェクト

オーディオ編集

イベント

YouTubeやSNS

Motion

3 ロール編集を行う

会話をやり取りするシーンでは、映像と音声の編集点をずらす手法がよく使われます。ここでは「L字編集」と「J字編集」の方法を紹介します。

▉ オーディオを切り離す

クリップをすべて選択して右クリックし、[オーディオを切り離す]をクリックします❶。こうすることで映像と音声クリップが分かれます。

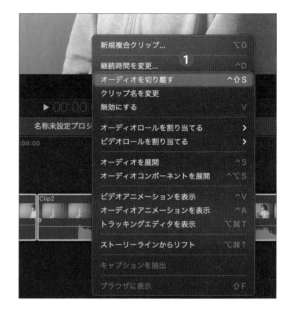

▉ ロール編集を行う

ツールパレットから[トリム]を選択して編集点に合わせておきます❷。映像の切り替わり点をずらすと、「ロール編集」を行うことができます。映像の編集点を左にずらすと映像クリップ（ここでは「Clip1」）の音声が後行する「L字編集」を行うことができ❸、右にずらすと音声が先行する「J字編集」を行うことができます❹。

POINT

「ロール編集」とは、隣接するクリップの編集点で、どちらかのクリップを延ばしたら他方を同じだけ縮め、縮めたら他方を延ばすというように全体尺を変えない編集方法です。

POINT

「L字編集」は上の映像クリップと下の音声クリップがLの形に見えることからL字編集と呼ばれます。「J字編集」はその逆です。

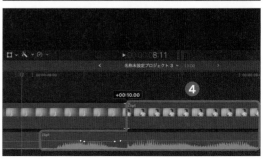

イベントで使える
テクニック

ここでは、映像に雲を入れて幻想的にしたり、光を加えておしゃれに仕上げたりするなど、映像をドラマチックに仕上げるためのテクニックを紹介しています。ウェディングなどのメモリアルなイベントで使えるものから、ミュージックビデオ、日常の1コマを演出するものまで、目を引くような映像にするためのテクニックが満載です。

60

雲や霧を挿入する

Final Cut Proに搭載されているジェネレータを利用して、景色の中に雲や霧を挿入してみましょう。背景素材を追加することで幻想的な雰囲気を表現できます。

雲の背景を切り抜く

ジェネレータの雲を使用することで、映像内に雲や霧のエフェクトを挿入することができます。今回は雲の背景を切り抜いて使用します。

1 映像の上に雲を配置する

「ジェネレータ」から[雲]を選択し❶、映像クリップの上にドラッグします。スマートフォンなどで実際の空を撮影したものでも構いません。

2 雲の動きを作る

「Dolly」の数値を「0」にすると雲がその場に留まるようになり❷、「Track」の数値を上げると雲が横に移動する動きを作ることができます❸。「Haze」では薄い霧状の雲を調整できます❹。

3 背景色を濃くする

「カラーインスペクタ」から「カラーボード」にある［露出］をクリックして開きます❺。「シャドウ」や「中間色調」を下げることで❻、背景の空の色が濃くなります。

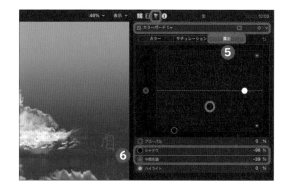

4 キーヤーを適用する

「エフェクト」の「キーイング」から［キーヤー］を選択し❼、雲のクリップに適用します。「マットツール」を開き、背景の切り抜き具合を調整します❽。

5 映像クリップに馴染ませる

「エフェクト」の「ブラー」から［ガウス］を選択して適用するとぼかすことができます❾。さらに、「合成」から「ブレンドモード」を［スクリーン］に変更したり、「不透明度」を下げたりすることで❿、映像クリップに馴染ませていきます。

6 雲のクリップを重ねる

雲のクリップを Option キーを押しながら上にドラッグして複製します⓫。「変形」アイコンをクリックすると⓬、ドラッグして移動させることができます。複数重ねる場合は、「エフェクト」から［反転］などを適用することで⓭、向きを反転させることができます。こうすることで、逆方向の雲の動きを作ることが可能です。

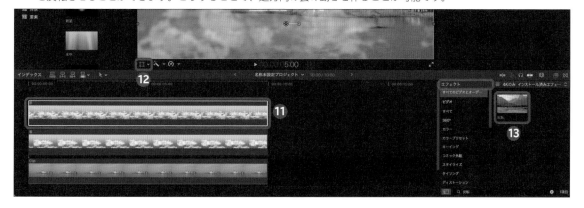

基本の編集

タイトル

カラーやエフェクト

オーディオ編集

イベント

YouTubeやSNS

Motion

Technique

61

映像の一部にグリッチを加える

映像の一部にグリッチを加えることで、デジタル感のある視覚効果が生まれ、ミュージックビデオでも使えるような目を引く表現となります。

マスクを組み合わせてエフェクトを加える

映像の一部分をシェイプマスクやカラーマスクで選択すると、特定の箇所だけにエフェクトを加えることができます。

1 マスクを描画で人物だけ切り抜く

Option キーを押してクリップを複製し、上のクリップに「エフェクト」の「マスク」から［シェイプマスク］を適用します❶。画面内に表示されたハンドルを動かして人物の周りを囲んでいきます❷。「コントロールポイント」の［ポイントに変換］をクリックすると❸、マスクをポイントで表示することができます。

2 キーフレームを打つ

「コントロールポイント」にキーフレームを打ち❹、人物の動きに合わせてマスク内に人物が表示されるようにポイントを動かしておきます。

150

3 「画質の悪いテレビ」を適用する

「エフェクト」から［画質の悪いテレビ］を適用すると❺、マスク内にだけエフェクトがかかります。「Amount」の数値を調整すると、ノイズの度合いが変わります。「Static Type」は［ガウスノイズ（フィルムグレイン）］や［ピンクノイズ］に設定しておきます❻。

4 カラーマスクを追加する

「エフェクト」の横にある「マスク」のメニュー（◉）から［カラーマスクを追加］をクリックします❼。グリッチを適用させたい箇所をクリックしてドラッグすると❽、その箇所を色で選択することができます。

5 プリズムを適用する

別のエフェクトで［プリズム］を適用します❾。別のエフェクトを適用した際も同様に「カラーマスク」を使用して選択することで、その色の範囲にエフェクトが加わります❿。

6 クリップをカットする

上に配置したクリップを Command ＋ B キーを押してカットし、数フレームずつ表示されるようにします⓫。映像内の人物だけが、回線切れをして不具合があるかのような視覚効果を作り出すことができます。

Technique

62

ストップモーションを作る

パラパラ漫画のように静止画をコマ送りで表示すると、空中浮遊などの動画を作ることができます。

1 動画からストップモーションを作る

何度も写真を撮る手間をかけたくない場合は、動画から静止画を作ることでストップモーションにすることができます。

1 静止画を作る

動画クリップ（ここでは「Clip2」を使用）を挿入し、Shift + H キーを押して、ストップモーションを使用したい箇所の動画を静止させていきます ❶。ストップモーションを24フレームで作る場合、静止画12枚を1枚あたり0.2秒で表示すると、1秒の動画ができると考えることができます。

2 クリップをカットする

静止クリップの箇所で → キーを2回押すと、インジケーターが2フレーム分動きます。Command + B キーを押してクリップをカットし、ほかの静止画に対しても行うことで、ストップモーションができ上がります ❷。

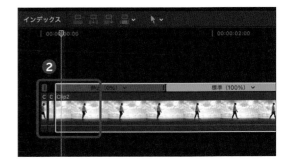

2 写真からストップモーションを作る

写真からストップモーションを作る場合はカメラの設置がポイントですが、今回はそこまで質が高くない写真からもストップモーションを作る方法を紹介します。ここでは真似しやすいようにスマホのような手持ちカメラでジャンプする人物を撮影しました。

1 読み込みの設定を変更する

ストップモーションをすぐに作成したい場合は、読み込みの設定を変更します。メニューバーの［Final Cut Pro］→［環境設定］をクリックし❶、［編集］を選択します❷。「静止画像」から読み込んだ際の秒数を変更できます❸。「0.02秒」に設定すると、タイムラインにまとめて写真を挿入した際に、0.02秒の尺で写真が表示されます。

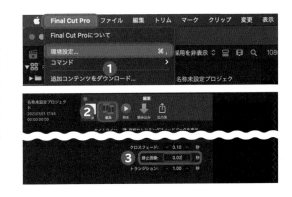

2 写真の秒数を変更する

写真をそのまますべて挿入した場合は、 Command + A キーを押してすべての写真を選択し、右クリックして［継続時間を変更］をクリックすることで❹、写真の表示時間をまとめて変更することができます。そのまま「2」と打ち❺、0.02秒だけ表示されるようにします。

3 複合クリップの再生速度を変更する

Option + G キーを押して写真を複合クリップでまとめておくと、全体の速度を変更することができます。「速く」のメニューから速度を速くしたり❻、 Command + R キーを押してクリップのスピードを上げたりします。

4 写真を整える

［表示］をクリックして開き、［タイトル/アクションのセーフゾーンを表示］や［水平線を表示］をクリックすると❼、画面内にガイドが表示されます。ガイドを見ながら「回転」や「位置」の数値を調整すると❽、撮影時のズレをある程度補正することができます。

基本の編集

タイトル

エフェクトやカラー

オーディオ編集

イベント

YouTubeやSNS

Motion

63

画面を歪めて縦横を整える

Final Cut Proでは縦横を補正することができます。映像の縦横のバランスを整え、安定した印象を与えたい場合に活用できます。

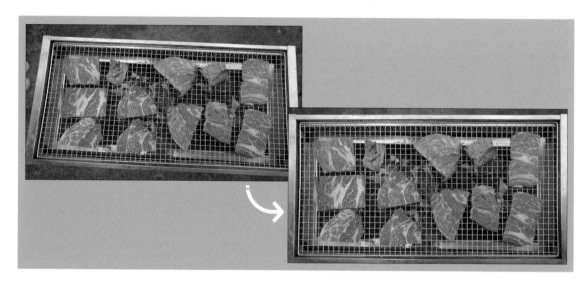

グリッドに合わせて歪みを合わせる

画面にグリッドを表示することで、歪みの補正を行う際の参考にすることができます。

1 補助線を表示する

[表示]をクリックして開き、[タイトル/アクションのセーフゾーンを表示]と[水平線を表示]をクリックすると❶、画面内に補助線となるグリッドを表示させることができます❷。

2 回転を合わせる

「回転」を調整して ❸、水平線に対し映像が平行になるように合わせておきます。水平線に合わせることで、安定した印象になります。

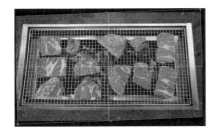

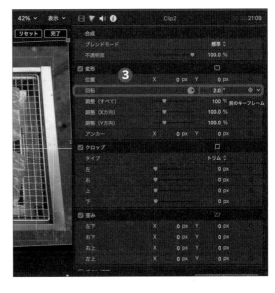

3 歪みを合わせる

「歪み」のアイコンをクリックすると ❹、映像の端に点が出現します。それぞれの点をドラッグすると ❺、画面の歪みを補正することができます。歪みで映像内の縦線を合わせていきます。

4 調整で拡大する

「調整」の数値を上げて映像を拡大し ❻、歪みで切れてしまった箇所を埋めていきます。「位置」などで映像の中心などを整えることもできます。

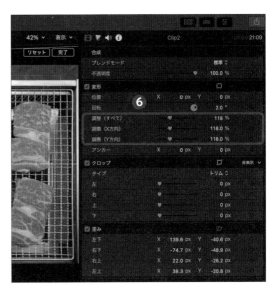

基本の編集

タイトル

カラーやエフェクト

オーディオ編集

イベント

YouTubeやSNS

Motion

魚眼レンズによる補正と演出

Technique **64**

「魚眼」のエフェクトを適用すると、映像を中心から拡大・縮小できます。笑いを入れたいシーンやミュージックビデオのアイデアとして活用してみましょう。

1　魚眼レンズで補正する

GoProなどの広角一人称カメラを使用すると中心から拡大されたように歪みが生じるため、「魚眼」を使って映像を縮小することで補正をすることができます。

■ 魚眼を適用する

魚眼で撮影された映像に、「エフェクト」から［魚眼］を適用します❶。「Amount」をマイナス方向に動かすと映像が中心から縮小され、「Radius」では歪みの半径を調整することができます❷。

■ 調整で画面を合わせる

「変形」の「調整」の数値を上げて、歪みが目立たないように画面を拡大します❸。「魚眼」の量を大きくするほど拡大する必要があるため、バランスを見ながら調整していきます。

156

2　魚眼で歪みの演出を作る

「魚眼」を使うと画面の一部を拡大させたり縮小させたりでき、不思議な映像を作り出すことができます。

1 顔を拡大する

「魚眼」のエフェクトを適用すると、画面内の一部から拡大することができます。画面内のハンドルを顔に合わせると❶、顔を中心に拡大します。

2 小顔の宇宙人ぽいイメージにする

顔に中心を合わせた状態で「Amount」の数値をマイナス方向に下げると❷、顔を小さくした宇宙人のような歪みを作ることができます。

3 魚眼を重ねる

再び「魚眼」のエフェクトを適用して重ねると❸、部分ごとに歪みを変更することができます。小顔にした状態でハンドルをドラッグして体に中心を合わせておきます❹。「Amount」の数値を上げて体を大きくすると❺、コミカルな人物に見せることができます。

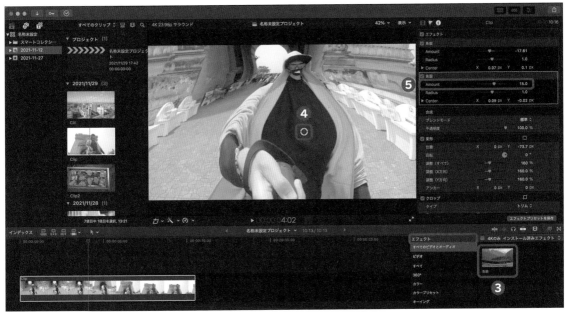

基本の編集

タイトル

カラーやエフェクト

オーディオ編集

イベント

YouTubeやSNS

Motion

65

ボケを加えてふんわりさせる

映像をおしゃれに見せるために、前ボケやふんわりとした光のカーテンを作っていきます。レンズのボケを加えるエフェクトをいくつか適用してみましょう。

1 アーチファクトを適用する

エフェクトの「ライト」の項目では、映像内に光の表現を加えることができます。前ボケに使えるアーチファクトを適用してみましょう。

1 アーチファクトを適用する

「エフェクト」の「ライト」から [アーチファクト] を適用します❶。「アーチファクト」は電飾の前ボケのように、チカチカと柔らかい光が動く前ボケを加えることができます。

2 ライトの見せ方を変える

「Color」から色を変更できるので、今回は暖色系である黄色味を加えます❷。「Position」を [Left] に変更すると❸、画面の左側にボケを加えることができます。「Opacity」では不透明度を調整できます❹。

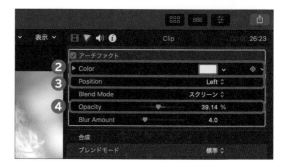

158

2 ボケ (ランダム) を適用する

アーチファクトでは電飾の人工的な光を加えることができましたが、ボケ (ランダム) を適用することで、逆光のホコリに
反射した光のようなボケを加えることができます。

⬛ ボケ (ランダム) を適用する

クリップに「エフェクト」の「ライト」から [ボケ (ラン
ダム)] を適用します ❶。細かいキラキラしたボケが画面
上に流れるように追加されます。

⬛ ボケの見た目を変更する

「Type」を [Hexagons] に変更すると ❷、丸いボケが
六角形になります。「Size」で大きさを、「Number」で
ボケの粒の数を変更することができます ❸。そのほかに
も、「Speed」では映像に合わせてボケの動きを変更す
ることができます ❹。

3 トランジションをボケとして使用する

トランジションのブラウザにある画面切り替えのエフェクト素材を使用することで、ボケとして映像に使用することができ
ます。

⬛ ジェネレータを配置する

「ジェネレータ」から [カスタム] を選択し ❶、映像ク
リップの上に配置します。色はデフォルトで黒に設定さ
れています。

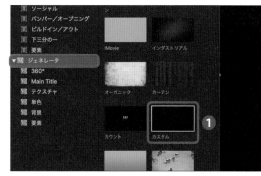

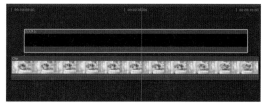

基本の編集

タイトル

カラーや
エフェクト

オーディオ編集

イベント

YouTubeやSNS

Motion

2 調整レイヤーとして使用する

黒いジェネレータは「ブレンドモード」を［スクリーン］
に変更すると透明になるため ❷、調整レイヤーとして使
用できることがあります。

3 「ライトをスウィープ」を追加する

黒いジェネレータに「トランジション」から［ライトをス
ウィープ］を適用します ❸。トランジションをドラッグ
して長さを変更すると ❹、上からライトを追加すること
ができます。

4 複合レイヤーとして調整する

トランジションを追加したクリップは、 Option + G キーを押すと、新規複合レイヤーとして1つのクリップにまとめる
ことができます ❺。クリップをまとめると、「不透明度」などを調整できるようになります。

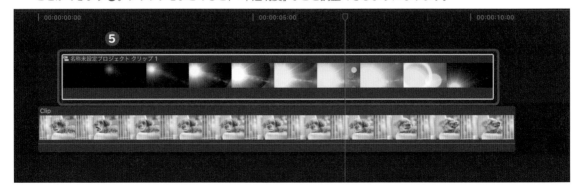

66

鏡を使った演出

画面を鏡状に反射させたり回転させたりすることで、一味違った演出を作ることができます。動画の数が少ない場合でもカットを増やすことができます。

基本の編集

タイトル

カラーや
エフェクト

オーディオ編集

イベント

YouTubeやSNS

Motion

1 「鏡」を使う

「ディストーション」の「鏡」では、映像を反転させることで左右対称や上下対称の映像を作ることができます。

1 鏡を適用する

「エフェクト」の「ディストーション」から［鏡］を適用します❶。映像を左右対称に反転させ、バランスの取れた仕上がりにすることができます。

2 上下に反転させる

「Angle」を「90.0°」に設定すると❷、映像が上下反転します。今回は空が下に反映されたことで、ウユニ塩湖のような映像になっています。

❸ 地面を空に配置する

「Angle」を「270.0°」に設定すると❸、地面が空に反転するようになります。「Center」の「Y」の数値を動かすと地面を移動させることができ❹、映画『インセプション』のような映像に仕上がります。

2 万華鏡でアーティスティックに仕上げる

万華鏡のエフェクトを加えると、映像を回転させた万華鏡のような仕上がりにすることができます。

❶ 万華鏡を適用する

「エフェクト」の「タイリング」から［万華鏡］を適用します❶。映像が一回転するように反射するため、統一感のあるアート的な仕上がりになります。

❷ 回転数を変える

「Offset Angle」や「Segment Angle」を変更すると❷、万華鏡の様子を変更することができます。今回は映像内の道路が周りに配置されるように変更しました。また、「回転」や「調整」などを調整して❸、大きさや回転を加えても面白いかもしれません。

3 変形タイルで空間に映像を配置する

変形タイルのエフェクトを使用すると、3D空間に映像クリップを配置することができます。立体的な動きを取り入れたいときに役立ちます。

1 変形タイルを適用する

「エフェクト」の「タイリング」から［変形タイル］を適用します❶。映像が斜めに歪んだ状態でタイル状に配置されます。

2 キーフレームで動きを作る

「変形タイル」の「Mix」以外の項目すべてにキーフレームを打ちます❷。画面に表示されたハンドルを動かすと❸、変形タイルをドラッグして動かすことができます。

3 画面を表示する

動きの終わりとして、「Amount」の数値を「0」にすると❹、オリジナルの映像のみが表示されるようになります。

基本の編集

タイトル

カラーやエフェクト

オーディオ編集

イベント

YouTubeやSNS

Motion

Technique 67

ウェディングに使えるタイトル表現

ウェディングなどで思い出の映像を共有する際に、すりガラスのようなフレームを作ることで、特別感があり柔らかな雰囲気を表現することができます。

1 ガラスのようなフレームを作る

映像の一部を重ねてぼかしを加えることで、すりガラスのような、映像を透過させた落ち着きのある雰囲気のフレームを作ることができます。

1 クリップを複製する

クリップを挿入し、[Option] キーを押しながら上にドラッグして複製します ❶。下に配置してあるクリップは [V] キーを押して非表示にしておきます ❷。

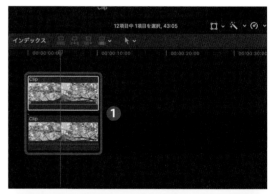

2 シェイプマスクを適用する

「エフェクト」の「マスク」から［シェイプマスク］を適用し ❸、「湾曲」を「0%」にして角を作ります ❹。画面内のハンドルを動かして「ぼかし」を下げたり横に伸ばしたりすると ❺、映像の一部を切り取ることができます。中心のハンドルを Shift キーを押しながら回転させると、45°ずつ回転させることができます ❻。

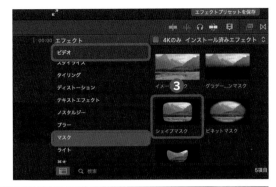

3 影をつける

「エフェクト」から［ドロップシャドウ］を追加します ❼。「カラー」を白に変更し ❽、「ぼかし」や「位置」を変更してエッジの部分を作っておきます ❾。「ドロップシャドウ」を重ねて立体感を出してもよいかもしれません。

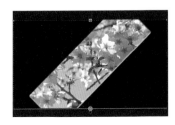

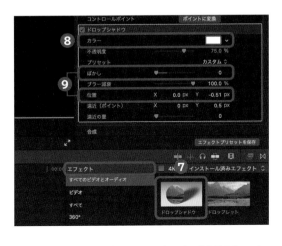

基本の編集

タイトル

カラーやエフェクト

オーディオ編集

イベント

YouTubeやSNS

Motion

4 ブラーを適用する

「シェイプマスク」を画面の端に移動させておきます❿。「エフェクト」の「ブラー」から［ガウス］を適用すると⓫、画面がぼやけたようになります。このとき、エフェクトの一番上に「ガウス」を配置すると⓬、「ドロップシャドウ」がきれいに残ります。非表示にしていたクリップは再度Ｖキーを押して表示させておきます。複数のフレームを作る場合は複製し、「シェイプマスク」の位置を変えるとよいでしょう⓭。今回は左上と右下の２箇所にフレームができるように作成しました。

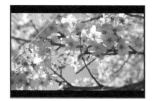

5 トランジションを作る

フレームの２つのクリップに対して、「トランジション」から［Ｘ字］を適用します⓮。フレームが中心から出現するように登場させることができます。

2 タイトルを挿入する

「装飾」のタイトルを挿入することで、少しおしゃれなテキスト表示を作ることができます。

1 装飾を挿入する

「タイトル」から［装飾］を選択し❶、クリップの上に配置します。「タイトルインスペクタ」から文字のサイズや色などを調整することができます❷。

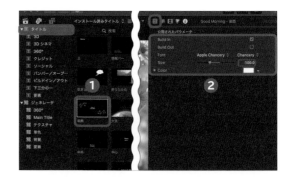

2 オーバーレイを適用する

「ブレンドモード」から［オーバーレイ］を選択すると❸、タイトルの明るい箇所と暗い箇所が映像とかけ合わさって合成され、ガラスのような文字表現になります。

68

写真で振り返るスライドショー

スライドショーを作るとき、背景にぼかした画像を挿入すると、余白がなくなり画面いっぱいに表示された映像として鑑賞できるようになります。

基本の編集

タイトル

カラーやエフェクト

オーディオ編集

イベント

YouTubeやSNS

Motion

1 「写真で振り返る」を適用する

エフェクトの「写真で振り返る」を使うとかんたんにスライドショーの画面を作り出すことができます。

1 「写真で振り返る」を適用する

画像クリップを挿入し、「エフェクト」の「スタイライズ」から［写真で振り返る］を適用します ❶。背景にぼかされた画像が、前面に白枠に入った写真が挿入されます。

2 写真を徐々に大きくする

クリップの冒頭で「写真で振り返る」の「Scale」にキーフレームを打ちます ❷。さらに、クリップの最後で「Scale」の数値を上げると ❸、徐々に写真が拡大されるキーフレームアニメーションができ上がります。

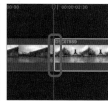

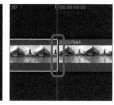

3 スタイルを変更する

見せ方を変える場合は、「Style」を [Instant] に変更すると ❹、インスタントカメラで撮影した写真のような枠組みに変わります。「Instant」を使用する場合は、1:1 のサイズ比にクロップされます。さらに、背景のボケを上げる場合は「Blur」を調整したり、背景の色をなくす場合は「Separation」の数値を上げたりするなどの調整が行えます ❺。

4 スライドを行う

写真をスライドさせたいときは、「Center」でキーフレームを打ちます ❻。左から右にスライドさせる場合は、「Center」の「X」の数値をマイナス方向からプラス方向に動かすと ❼、スライドする動きを作ることができます。

2 「写真で振り返る」を作る

「写真で振り返る」のエフェクトは1から作ることも可能です。1から作ると回転させたり別のエフェクトを個別に適用したりできるなど、編集の自由度も高くなります。

1 画像クリップを複製する

画像クリップを挿入したら、[Option] キーを押してクリップをドラッグして複製します ❶。複製した上のクリップの「調整 (すべて)」の数値を下げて ❷、背景クリップよりもサイズを小さくしておきます。

2 ブラーを適用する

下のレイヤーに、「エフェクト」の「ブラー」から［ガウス］を適用します ❸。背景がぼかされることで、写真に注目させやすくなります。

3 枠組みを作る

画像クリップの間に「ジェネレータ」の［カスタム］を挿入します ❹。「Color」を白に変更し、「調整」でサイズを変更すると ❺、写真に合わせた枠組みを作ることができます。

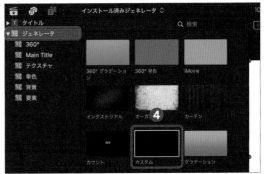

4 新規複合クリップを作成する

ジェネレータと上に配置した画像を選択し、右クリックして［新規複合クリップ］をクリックします ❻。「回転」や「調整」の数値を動かすと ❼、枠組みと写真が1つのクリップとして回転するようになります。

基本の編集

タイトル

カラーやエフェクト

オーディオ編集

イベント

YouTubeやSNS

Motion

スライドショーに使える
写真アニメーション

ウェディング動画など、思い出の共有に使われるスライドショーを作っていきます。画像クリップをドラッグ＆ドロップするだけで効果的な演出ができます。

画像フレームを変形で操作する

画像フレームを挿入したら、「変形」でドラッグ＆ドロップで操作できるようにすることで、滑らかに落ちてくる写真スライドアニメーションを作ることができます。

1 写真を並べる

背景素材として「ジェネレータ」から［花］を挿入し ❶、その上に写真を配置していきます。挿入した写真は5秒の地点でまとめて選択し、Command ＋ B キーを押してクリップをカットします ❷。カットしたクリップは Delete キーで削除しておきましょう。

2 基本枠線を適用する

画像クリップに「エフェクト」から［基本枠線］を適用します ❸。「Color」を白にすると ❹、枠線のある写真のように表現できます。

3 写真を見せる箇所を決める

「変形」の「調整」で写真のサイズを小さくしておきます❺。タイムラインの1秒の地点で「位置」と「回転」のキーフレームを打ちます❻。

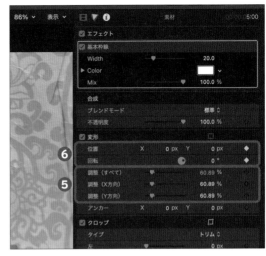

4 写真を落とすアニメーションを作る

「変形」のアイコンにチェックをつけておくと❼、写真をドラッグ&ドロップで動かすことができ、直感的に映像を作ることができます。タイムラインの0秒の地点で写真を左上の画面の外に配置します❽。キーフレームを打っているため、0秒から1秒にかけて写真が上から落ちてくるアニメーションができ上がります。

☼POINT

画面の外に写真を配置することで0秒地点にキーフレームを打つことになります。

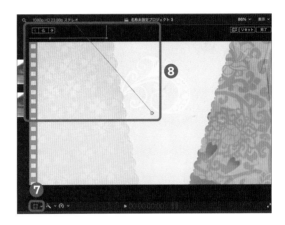

5 写真の表示時間を決める

タイムラインの4秒の地点で写真が右方向へ少しスライドするように動かしておきます❾。1秒から4秒までの3秒間で写真を見せることができます。タイムラインの5秒地点付近で写真を画面の右外に配置すると❿、写真が画面の外に落ちていく動きを作ることができます。写真の入り、表示時間、写真の出る三段階でキーフレームアニメーションができました。

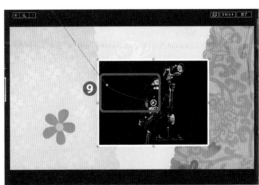

基本の編集

タイトル

カラーやエフェクト

オーディオ編集

イベント

YouTubeやSNS

Motion

6 写真の動き方を確認する

画面内のポイントを右クリックすると、キーフレームの動きの種類を確認することができます。「直線状」⓫は動きが直線で一定の速度ですが、「スムーズ」はゆっくり動き出し、速度が速まったあとにゆっくりと終わる動きになります。Control + V キーを押してビデオアニメーションを表示し、キーフレームを右クリックすることでも確認できます⓬。

7 パーティクルを追加する

スライドショーを作成し終わったら、「ジェネレータ」から［ドリフト］を選択し⓭、写真の上に配置します。「Shape」を［Sparks］にすると、パーティクルが画面全体に配置されます。「Number」や「Scale」を調整しながらスライド全体の雰囲気を作ってみましょう⓮。

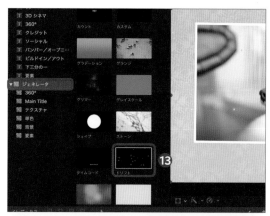

Technique

70 GIF 形式のシネマグラフ

画像の一部に動きを入れるシネマグラフは、見る人の目を引くアピール力を持っています。結婚式のスライドで写真を見せる場合に活用できます。

1 動画からシネマグラフを作る

Final Cut Proの場合は動画でシネマグラフを作るほうが画質はよくなります。マスクを使って動画からシネマグラフを作ってみましょう。

■1 静止画と動画に分ける

Shift + H キーを押して、クリップを静止画と動画で分けておきます❶。静止画の終了点で Command + B キーを押し、クリップをカットします❷。

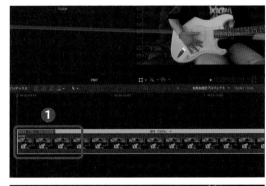

基本の編集

タイトル

カラーや
エフェクト

オーディオ編集

イベント

YouTubeやSNS

Motion

2 動かす箇所を静止画の上に乗せる

動画クリップで動きがある箇所をトリムし、静止画の上に配置します ❸。ここでは同じ動作を反復する区間を意識しながらトリムしました。同じ動きをくり返しているところはシネマグラフを作りやすくなるのがポイントです。

3 マスクを切る

動画クリップに「エフェクト」から [マスクを描画] を適用します ❹。今回は手の動きをくり返したいので、手のまわりをマスクで切っておきます ❺。「ぼかし」の数値を上げると ❻、マスクの切れ目が目立たなくなります。

4 動画クリップを複製する

Option キーを押しながら動画を移動して複製し ❼、静止画の秒数だけ重ねます。

5 トランジションを追加する

「トランジション」の「ワイプ」から [グラデーションイメージ] を適用し ❽、クリップの切り替わりが目立たないようにしていきます。トランジションの秒数は短くし、すべてのクリップに複製することで ❾、シネマグラフ動画ができ上がります。

2 GIF 形式で書き出す

Compressorを使用するとGIF形式で書き出すことができ、ブログやSNSなどの文章などに画像として貼りつけることが可能です。

■ ループ動画を作る

動画クリップを複製したあと、2つ目のクリップには[クリップを逆再生]を適用することで❶、ループする動画ができ上がります。逆再生にできない場合は、Option + G キーを押して複合クリップを作成するとうまくいくことがあります。ループにすると短い秒数でも永続的に再生されるGIFを作ることができます。

■ Compressorで書き出す

出力のアイコンから[出力先を追加]をクリックします❷。[出力先を追加]をクリックし❸、[Compressor設定]をクリックします❹。「モーショングラフィックス」フォルダの[アニメーションイメージ（大）]を選択し❺、[OK]をクリックすると❻、GIF形式で動画が書き出されます。

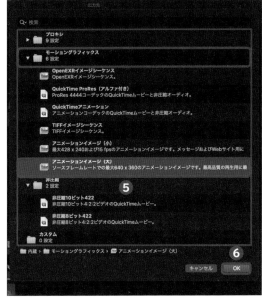

基本の編集

タイトル

カラーやエフェクト

オーディオ編集

イベント

YouTubeやSNS

Motion

物に映像を投影する

映画やドラマでは画面だけを撮影してあとから映像を差し込むことがあります。
ここでは画面だけでなく、あらゆる物に映像を投影する方法を紹介します。

1 画面に映像を投影する

四角いモニターや画面の場合は「歪み」を使用すると、映像を差し込むことができるようになります。

■1 クリップを配置する

タイムラインにクリップ（ここでは「Clip」と「Clip3」
を使用）を上下に配置します❶。上に配置したクリップ
を、下に配置した映像に合成していきます。

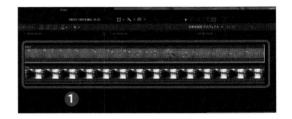

■2 歪みで画面を合わせる

ビューア左下のプルダウンメニューから［歪み］を選択
すると❷、歪み変形のハンドルが表示されます。四隅の
ハンドルをドラッグし❸、下のクリップにあるモニター
の形状に変形させます。変形が完了したら、右上の［完
了］をクリックして変形を完了します❹。

3 角を丸くする

上のクリップに「エフェクト」の「マスク」から［シェイプマスク］を適用すると❺、歪んだ状態の映像に対してマスクを切ることができます。「ぼかし」を「0」にし❻、「湾曲」を調整したりハンドルを動かしたりしながら❼、角が丸くなるようにしていきます。

4 合成を行う

「合成」の「ブレンドモード」を［加算］などの映像と馴染む合成モードに設定します。「不透明度」を下げて合成してもよいかもしれません❽。

2 湾曲する物に投影する

コップなどの湾曲する物に映像を投影する場合は、魚眼などで映像自体を丸くしたあと、マスクで必要な箇所だけを切り抜いていきます。

1 魚眼を適用する

タイムラインにクリップ（ここでは「Clip2」と「Clip3」を使用）を上下に配置します。上の映像に対して「エフェクト」の「ディストーション」から［魚眼］を適用します❶。「Radius」を「0.01」に下げると❷、映像の湾曲がコンパクトになります。

2 変形で重ねる

ビューア左下のプルダウンメニューから［変形］を選んだ状態で❸、コップに重なるように上のクリップを配置します。「調整（X方向）」と「調整（Y方向）」の数値を調整して重なるようにします❹。

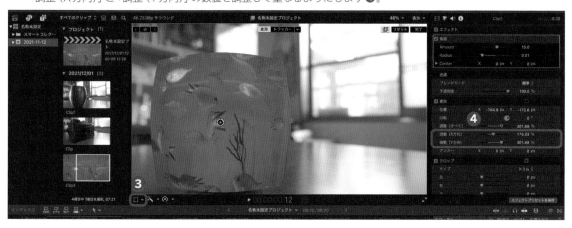

基本の編集

タイトル

カラーやエフェクト

オーディオ編集

イベント

YouTubeやSNS

Motion

3 マスクを切る

「エフェクト」の「マスク」から [マスクを描画] を適用します ❺。「不透明度」を下げてコップが見える状態にしてから ❻、ペンツールでコップの輪郭に合わせてマスクを切っていきます ❼。

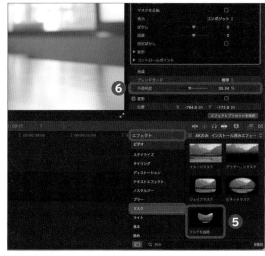

4 合成を行う

「合成」の「ブレンドモード」を [オーバーレイ] にすると ❽、明るい箇所を残しながら暗い箇所でも合成が行われるようになります。

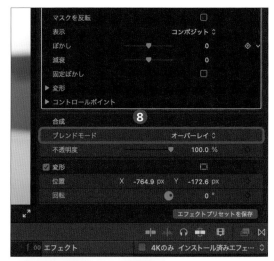

Chapter

6

YouTubeや
SNSで映える
テクニック

この章では、YouTubeやSNSなどで多くの人に向け
て見てもらいたい動画を制作する際に、「映える」テ
クニックを紹介します。エフェクトやアニメーション
などを使いこなしましょう。

チャンネル登録ボタンを作る

「ジェネレータ」の「シェイプ」を使うことで、テキストを配置する座ぶとんとして使用することができます。

1 シェイプで座ぶとんを作る

シェイプを使ってテキストを配置するための座ぶとんを作成します。シェイプの形はプリセットから選択することができます。

1 シェイプを追加する

「ジェネレータ」から [シェイプ] を選択し ❶、映像クリップの上に配置します。シェイプの形は、「ジェネレータインスペクタ」の「Shape」から変更することができます。ここでは [Rectangle] (長方形) を選択しました ❷。

② シェイプの設定を変更する

「Fill Color」を変更することで、シェイプ内の色を変更
することができます❸。「Outline Color」では、周りの
枠組みの色を変更します❹。「Roundness」の数値を上
げることで、角を丸くすることができます❺。

③ タイトルを追加する

「タイトル」のサイドバーから、[カスタム] を選択し❻、
タイムラインのシェイプの上に配置します。テキストを
入力したら、シェイプの真ん中に来るように「位置」の
「X」と「Y」の数値を変更します❼。

④ タイトルとシェイプをまとめる

タイトルとシェイプをまとめます。その前にタイトルに
対し、「トランジション」から [ワイプ] を適用すること
で❽、テキストのみをワイプで登場させることができま
す。タイトルとシェイプのクリップを両方選択し、
Option + G キーを押すことで、新規複合クリップとして
まとめることができます❾。

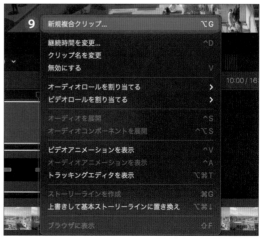

基本の編集

タイトル

カラーや
エフェクト

オーディオ編集

イベント

YouTubeやSNS

Motion

2 シェイプモーションを作る

映像の上に配置したシェイプを動かすことで、目的に応じた演出を作り出すことができます。今回は登録ボタンを右からスライドさせたあとに、光る演出を作っていきます。

① シェイプの位置を変更する

まとめたシェイプは、タイトルと一緒に動かすことができます。「変形」から「調整」でサイズを小さくしておきます ❶。さらに「位置」の数値を動かして、画面の右下あたりに配置しておきましょう ❷。

② キーフレームを追加する

シェイプのクリップの先頭から、[Shift]キーを押しながら →キーを2回押して、20フレームインジケーターを動かします ❸。「位置」の◆をクリックしてキーフレームを追加することで、現在地点のシェイプの位置情報を保持することができます ❹。

3 画面の外から登場させる

シェイプのクリップの一番最初の位置にインジケーター
を合わせ、シェイプが画面の外に配置されるように「位
置」の「X」の数値を動かします❺。あらかじめ追加して
おいたキーフレームによって、画面の外から画面の右下
にスライドするように登場する動きを作ることができま
す。

4 ボタンを一瞬だけ光らせる

シェイプのクリップを Command + B キーでカットし、さ
らに4フレームほど後ろを再びカットしておきます❻。
間の短いクリップに対して、「エフェクト」から［ドリー
ム］を適用することで❼、クリップが一瞬だけ明るくな
るように見せることができます。

基本の編集

タイトル

エフェクト
カラーや

オーディオ編集

イベント

YouTubeやSNS

Motion

73

ジャンプカットで作るループ動画

同じ画面でカットして次のシーンにつなぐジャンプカットやジェットカットと呼ばれる編集を行って、SNSでも使えるループ動画を作ってみましょう。

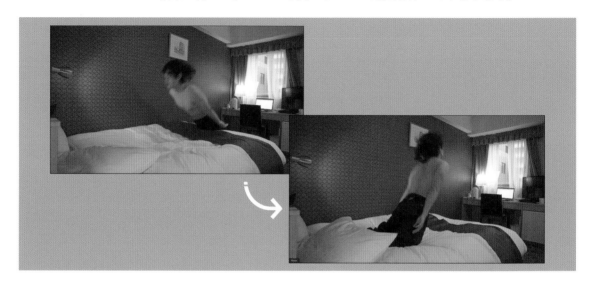

逆再生を利用する

ベッドに倒れる動画を2パターン撮影します。一方を逆再生し、カットしてつなげるだけで、1つのトリック動画を作ることができます。

1 編集点にマーカーを追加する

どこでつなげると自然になるか、全体を把握し編集点を考えていきます。今回はベッドに倒れ込んだ瞬間が切り替わりのポイントなので、Mキーでマーカーを追加します❶。何度かアクションをした場合は、編集点(カットするポイント)をマーカーで決めてから❷、よりよいシーンを選ぶとよいでしょう。

2 クリップをカットする

マーカーを打った箇所の中から、倒れ込む瞬間のシーンにCommand+Bキーでカットを入れておきます❸。使うシーン以外の余分なクリップもカットし、Deleteキーで削除しておきましょう❹。余分な途中経過をカットするジャンプカットを行うことで、時間を飛ばした表現をすることができます。

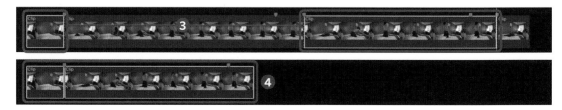

❸ クリップを逆再生する

2つ目のクリップのベッドに倒れる動きに対して、[クリップを逆再生]を適用します❺。こうすることで編集点同士がつながり、ベッドに倒れたと思ったら即座に起き上がる演出ができます。

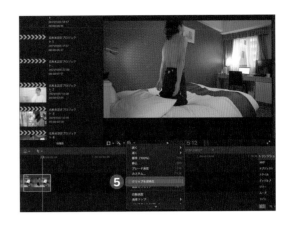

❹ ループを作る

逆再生を行ったクリップを Option キーで複製し、後ろに配置します❻。速度のメニューから「方向」を[正方向]にして、逆再生を解除します❼。ここでつなげる際に、正方向のクリップの始めを1フレームだけカットして削除します❽。こうすることで、逆再生の最後のフレームから正方向の最初のフレームへと止まらずに動画が進みます。

❺ 最初のクリップを逆再生する

同様の手順で最初に配置したクリップを複製し、一番後ろの位置に配置します。さらに、逆再生にすることでループ動画を作ることができます❾。Twitterや Instagram、TikTokなど、何度も再生されやすいSNSで使うことで、面白い表現ができます。

❻ 効果音を逆再生する

映像だけでなく、効果音も同様の手順で逆再生することができます❿。効果音を逆再生することで、巻き戻したような表現を作ることができます。

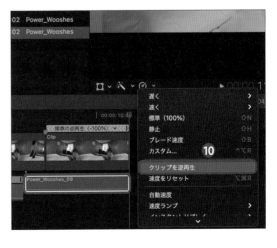

基本の編集

タイトル

カラーやエフェクト

オーディオ編集

イベント

YouTubeやSNS

Motion

Technique

74 センサーでモザイクをつける

テレビ番組でもお馴染みのモザイク処理。Final Cut Proでは自動で顔を認証して
モザイクを当てはめることができます。

1 センサーでモザイクを作る

「エフェクト」の「センサー」でモザイクを作ることができます。顔にドラッグするだけで認識して、形を作ってくれます。

1 センサーをドラッグする

「エフェクト」の[センサー]を人物の映る映像にドラッ
グ＆ドロップすることで❶、画面に「フェース」と表示
され、自動的にモザイクを入れることができます。

2 解析を行う

[センサー]を適用すると画面左上に「解析」と表示され
るので❷、ここをクリックすると自動的に顔の動きを解
析してくれます。

3 適用範囲を変更する

「トラッカー」と「センサー」のエフェクトが適用される
範囲は同じに設定されています。そこでトラッカーのリ
ンクを外すことで ❸、シェイプマスクとトラッカー範囲
を別にすることができます。[シェイプ]を選択し ❹、範
囲を変えることで、センサーの範囲のみを変えることが
できます。

2 別のエフェクトを適用する

すでに顔をトラッキングしていれば、別のエフェクトを適用した際にも同じトラッキングデータを使うことができます。

1 別のエフェクトを適用する

「センサー」を適用している状態で、別のエフェクトとし
て[プリズム]を適用しておきます ❶。

2 シェイプマスクを追加する

「プリズム」の「マスク」メニュー (■) から[シェイプマ
スクを追加]を選択します ❷。トラッカーのリンクを外
し、[シェイプ]を選択した状態で顔に合わせて、「プリ
ズム」のシェイプを合わせておきます ❸。

3 トラッカーを指定する

「トラッカーソース」の箇所から[フェーストラック]を
指定することで ❹、先ほど顔に対して作成したトラッ
カーデータが「プリズム」にも適用され、顔の部分だけ
「プリズム」のエフェクトを適用させることができます。

基本の編集 ／ タイトル ／ カラーや エフェクト ／ オーディオ編集 ／ イベント ／ YouTubeやSNS ／ Motion

75

トラッカーで
顔にイラストを追随させる

トラッカーを使うことで、動くものに対してテキストやイラストを追加したり、
別のクリップを動きに合わせて挿入したりすることができます。

オブジェクトトラッカーで顔にイラストを追加する

トラッカーの機能を使い顔に範囲を合わせることで、文字やイラストなどを追加することができます。

1 トラッカーを追加する

「トラッカー」の ➕ をクリックすることで❶、画面内に選
択範囲を追加することができます。

2 顔に合わせる

選択範囲をドラッグして、顔に合わせていきます❷。う
まくトラッキングされなければ、ここで範囲を狭くした
り広くするとよいでしょう。

3 解析を行う

[解析]をクリックすることで、タイムラインの両方向へ
解析が始まります。隣の◀◀ ▶▶ではいずれかの方向での
解析を行うことができます ❸。「解析方法」では顔や自動
車などの場合によく使われる、[自動]→[機械学習]を
選択して行うと高い精度でトラッキングできることがあ
ります ❹。

4 イラストを追加する

イラスト素材を追加してタイムラインに挿入し、サイズ
や位置を合わせておきます ❺。ビューアの下にある「変
形」のアイコンをクリックすることで、トラッカーのメ
ニューが表示されます。メニューから[オブジェクトト
ラック]を選択することで ❻、先ほど解析した顔のデー
タに合わせてイラストが動くようになります。

5 複数のオブジェクトトラックを使用する

複数の被写体に対してトラックを使用する場合は、同様
の手順をもう一度行い、メニューから[オブジェクトト
ラック2]を選択していきます ❼。でき上がったイラス
トとクリップは、Option + G キーを押して、複合クリッ
プとしてまとめておきましょう。

6 画面を顔に合わせて動かす

クリップを複製しておき、上に配置した映像に対して
[オブジェクトトラック]を指定することで ❽、映像が顔
の動きに合わせて動くようになります。画面が揺れると
画面外の黒い箇所が見えてしまうため、「調整（すべて）」
などでサイズを大きくするとよいでしょう ❾。

基本の編集

タイトル

カラーや
エフェクト

オーディオ編集

イベント

YouTubeやSNS

Motion

76 ドロップレットで衝撃波を作る

爆発や衝撃波で空気が歪む表現を作っていきます。円が広がる動きと画面の揺れを組み合わせていきましょう。

画面を歪める

ドロップレットや地震など画面を歪めるエフェクトを適用する前に、画面の外が見えないようにいくつか複製しておく必要があります。

① タイルを適用する

前準備として、[Shift] + [B] キーで前半を速めておいたクリップを挿入しています ❶ （P.37参照）。クリップに対して [タイル] のエフェクトを適用することで、画面がタイリングされます ❷。3×3で複製されましたが、「調整」の数値を「300」に上げることで元の大きさに戻ります ❸。こうすることで画面の歪みを作ったときに、画面の黒い外側が見えるのを防ぎます。

② ドロップレットを適用する

クリップに対し、「エフェクト」から [ドロップレット] を適用します ❹。そうすると中心から波紋のような歪みが発生するようになります。

③ キーフレームを打って始点を決める

「ドロップレット」の「Center」を手のひらに合わせます❺。「Radius」と「Thickness」のキーフレームにチェックを入れます❻。「Radius」を「-50」にすることで半径が小さくなります。「Thickness」を「0」にすることでドロップレットの厚さが0になります。

④ 波紋を広げる

Shift + → キーを3回押して、始まりのキーフレームから30フレーム移動しておきます。「Radius」の数値を上げて、画面の外までドロップレットが広がるような動きを作ります❼。さらに「Thickness」の数値を「100」くらいに上げておいて、広がるにつれて波紋が分厚くなるようにしておきます。

⑤ 波紋に緩急をつける

右クリック→［ビデオアニメーションを表示］を選択すると、キーフレームを確認することができます。最初のキーフレームから20フレーム後に「Radius」と「Thickness」のキーフレームを打っておき、10フレーム手前にずらすことで初速が速い波紋の広がりを作ることができます❽。

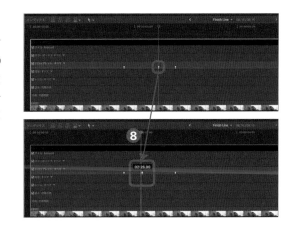

⑥ 画面揺れを作る

衝撃波のシーンだけを Command + B キーでカットしておきます❾。「エフェクト」から［地震］を適用することで画面を揺らす動きができます❿。「地震」の「Amount」にキーフレームを打ち、0になるようにすることで徐々に揺れが消える動きができます⓫。

基本の編集

タイトル

カラーやエフェクト

オーディオ編集

イベント

YouTubeやSNS

Motion

フリーズフレームで登場する

フリーズフレームを使った登場の表現は、SNSからバラエティ番組、また映画やドラマでも使われる代表的な映像演出です。

1 映像の1コマを切り抜く

映像の1フレームをフリーズして、時間が止まったかのように見せる演出です。人物などの被写体をマスクで切り抜くことで、その瞬間の強調したいものを印象づけることができます。

1 静止画を作る

映像の中で静止したいシーンを決め、「クリップのリタイミングオプション」から［静止］を選択し❶、途中で静止のクリップを作ります。このクリップは Command ＋ B キーでカットして、静止画のみのクリップを作っておきます❷。

2 マスクを切る1

[Option] キーを押しながら、クリップを上にドラッグして
複製します ❸。複製した上のクリップに対し、「エフェ
クト」から [マスクを描画] を適用します ❹。ビューア上
部にある [○○%] (ここでは [200%]) の数値を上げる
ことで画面が拡大され、細かい編集がしやすくなります
❺。

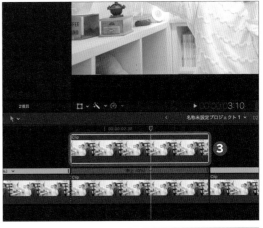

3 マスクを切る2

人物に合わせてペンツールで囲んでいきます。点を打っ
たらドラッグしたり、[Option] キーを押しながらハンドル
を動かしたりすることで曲線で囲むこともできます ❻。
またボケがある場合は、「ぼかし」の数値を上げることで
マスクの境界線をぼかすことができます ❼。

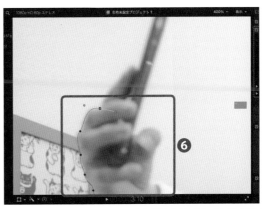

基本の編集

タイトル

カラーや
エフェクト

オーディオ編集

イベント

YouTubeやSNS

Motion

2 アニメーションを作る

切り抜いた静止画にキーフレームアニメーションやグラフィックスを加え、躍動感を加えていきます。

■ はじめと終わりにキーフレームを打つ

方向キーの①でクリップの始まりに移動することができます。「変形」の「位置」「回転」「調整」に対してキーフレームを打っておきます❶。方向キーの↓を押すとクリップの終わりに移動することができるので、ここでもキーフレームを打ちましょう❷。こうすることで途中で静止画を動かしても、最初と最後でこの数値に戻ります。

■ 静止画の動きを作る

クリップの頭から Shift +→キーで10フレーム移動しておき❸、「位置」「調整」「回転」の数値を変更していきます。「調整」で静止画を拡大させた後、「位置」を動かし「回転」で傾けておきます。終わりも同様にクリップの最後で Shift +←キーで10フレーム戻ってから、同様に数値を変更しておきます❹。こうすることで、元の映像よりも人物だけが拡大されたり、位置が変わったりするため、強調することができます。

3 エフェクトを加える

フリーズフレームの周辺にさまざまなエフェクトを加えることで、映像の雰囲気を変えていきます。

■ 背景をぼかす

人物に注目させる場合は、背景を目立たなくしていきます。静止画のクリップに対し、「ブラー」の［ガウス］のエフェクトを加えることで背景がぼかされて人物が目立つようになります❶。ほかにも白黒を追加したり、背景だけを別の素材と入れ替えたりしてもよいかもしれません。

2 光による切り替えを作る

静止画の上に「ジェネレータ」の［カスタム］を配置し、静止画より少し長めにカットします ❷。色が黒の場合、「ブレンドモード」から［スクリーン］を選択することで ❸、黒が見えなくなります。ここに「トランジション」から［ブルーム］を適用することで、画面が明るくなってから切り替わる動きができます ❹。

3 枠を作る

「タイトル」から、「自然」の［右］や［左］を挿入しておきます ❺。ここにタイトルを記入してもよいですが、今回は削除しておき、「タイトルインスペクタ」の「ColorTheme」を［Snow］、「Shape」を［Snowflake］に設定しておきます ❻。作成したタイトルクリップは、「エフェクト」から［反転］を適用することで ❼、向きを変更することができます。

4 タイトルを作る

「タイトル」から［ドリフト］を挿入しておき、「3Dテキスト」にチェックを入れることで立体的なタイトル表現をすることができます ❽。

5 パーティクルを加える

手順 ❷ で作成した「カスタムジェネレータ」に対し、「アーチファクト」❾ や「ボケ（ランダム）」を加えることで、画面全体に光のパーティクルが追加されるようになります。静止画に動きの要素を加えてみましょう。

基本の編集

タイトル

カラーや
エフェクト

オーディオ編集

イベント

YouTubeやSNS

Motion

78

ホログラム画面を作る

近未来やテクノロジー系の映像で使えそうなホログラムを作っていきます。画面収録したクリップを合成し、ホログラム風に見せていきます。

ホログラム風の色合いにする

スタイライズやカラーインスペクタを使ってクリップをホログラム風にすることで、クロマキー映像などにも応用して使うことができます。

1 収録画面を挿入してラスタを適用する

スマホなどで画面収録を行った素材を、スマホを操作する映像の上に配置しておきます。上に配置したクリップに対して、「エフェクト」の「スタイライズ」から[ラスタ]を適用します ❶。そうすると画面ノイズのような横線が追加されます。

2 カラーインスペクタで色を変更する

「ブレンドモード」から[リニアライト]を選択すると ❷、明るい箇所と暗い箇所を考慮した上で合成されます。「カラーインスペクタ」を開き、「カラー」からグローバルの色を水色っぽくすることで ❸、デジタルの画面のような雰囲気にすることができます。

3 サイズを合わせる

「調整」や「位置」の数値を変更して、ビューアの下にある「変形」のアイコンをクリックし、目の前に表示されるように配置しておきます ❹。

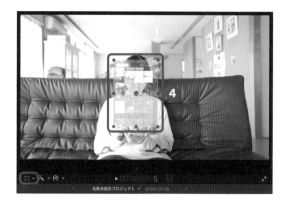

4 画面を表示する

クロップの「上」に対してキーフレームを打ち❺、192から0になるようにキーフレームアニメーションを作ることで、下から上に画面が表示されるアニメーションができます。「位置」や「調整（すべて）」で上に動かしてもよいでしょう ❻。

5 画面の角度を変える

画角が斜めの場合は、上に配置したクリップの角度も変更することができます。「歪み」のところで四隅の数値を変更し画面を歪めることで❼、映像に合わせて画面の角度を変更することができます。

6 画面の光を加える

ホログラムが出現したことで画面の一部を光らせたい場合、「エフェクト」から［マスクを描画］を適用して光らせたい箇所だけを囲み、「ぼかし」の数値を上げておきます❽。「ブレンドモード」を［加算］に変更しておき、「不透明度」を調整することで画面の一部を明るくすることができます❾。

基本の編集

タイトル

カラーやエフェクト

オーディオ編集

イベント

YouTubeやSNS

Motion

Technique 79 マスクを使ったクローン動画

同じ人物が同時に何人も登場するシーンはそれだけでインパクトがあり、視聴者の目を引く映像になります。

1 マスクを切る

固定カメラの場合は、マスクを切るだけで複数の人物を同じ画面に登場させることができます。

1 動画クリップを重ねる

固定カメラで撮影した動画クリップを重ねておきます ❶。今回は別々の場所で人物が座っている映像を３つ使用しています。

2 「マスクを描画」を適用する

「エフェクト」から［マスクを描画］を適用します ❷。ペンツールが表示されるので、人物が映っている箇所を切り抜いて行きます ❸。なるべく動画内の線に沿って切ることで、自然に見えるようになります。

3 光を編集する

複数のクリップを合わせたときに、外の光の影響によってクリップごとに光の当たり方が違う場合があります。「カラーインスペクタ」から、光の当たり具合が同じになるように調整することができます❹。また、変更した光の度合いは数値で表示されているので、ほかのクリップに対して光を調整する際にも参考にすることができます。

2 カメラの動きを作る

すべてのクリップをまとめることで、手ぶれの動きを作ったりカメラの動きを作ったりすることができるようになります。

1 複合クリップでまとめる

すべてのクリップを選択し、[Option] + [G] キーで新規複合クリップを作成します❶。これで1つの映像クリップとして扱うことができます。

2 キーフレームを追加する

「位置」と「調整」に対してキーフレームを打ちます❷。「位置」ではカメラの動きを再現し、「調整」ではズームを再現します。撮影する映像の解像度が低い場合、「調整」で拡大すると画質が劣化することがあります。

3 手持ちカメラ風の動きを作る

キーフレームの数値を動かすことで、カメラの動きを作ることができます。この際に、「エフェクト」から［ハンドヘルド］を適用すると❸、手持ちカメラのように画面が揺れるようになります。

4 動きの滑らかさを変える

■を選択した状態で画面内のキーフレームの箇所をクリックすると、ハンドルが出現します❹。ハンドルを動かすことで、カクカクした動きを滑らかにすることができます。

基本の編集

タイトル

カラーやエフェクト

オーディオ編集

イベント

YouTubeやSNS

Motion

Technique 80

アニメ風に
メガネをキラリと光らせる

アニメは1枚ずつ描くことでイラストを動かすことができますが、Final Cut Pro
でもちょっとした表現であればアニメの要素を取り入れることができます。

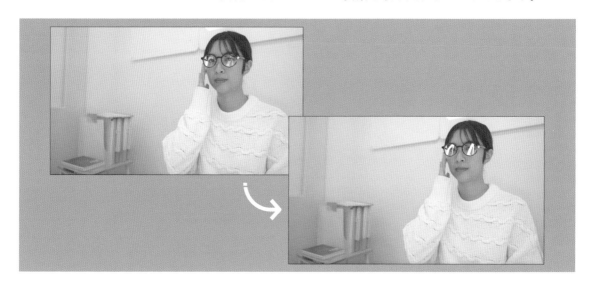

マスクで反射を作る

マスクで1フレームずつメガネの中に反射する箇所を切り抜いていきます。1フレームずつ作るため、メガネが一瞬光る程
度の表現でも、少し時間がかかるかもしれません。

1 光らせる箇所を切り抜く

Command + B キーでメガネを光らせる箇所のクリップを
カットしておきます ❶。

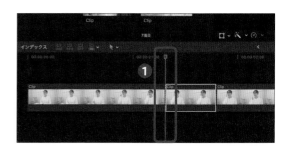

2 マスクを切る

カットした区間のクリップを、Option キーを押しながら
上にドラッグして複製します ❷。複製したクリップに対
して、「エフェクト」から［マスクを描画］を適用しま
しょう ❸。メガネを光らせる箇所で複製したクリップの
マスクを切っておきます ❹。

3 複数のマスクを切る

クリップに対して複数のマスクを切る作業を行う場合、クリップをさらに複製する必要がありますが、「マスクを描画」を2つ適用することで作業効率が上がります。メガネの場合はレンズが2つあるので、同時にマスク処理を行っていきましょう 。

4 キーフレームでマスクを動かす

「マスクを描画」の「コントロールポイント」にキーフレームを入れておきます 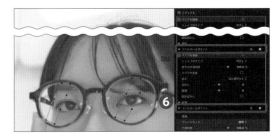。 → キーで、インジケーターを1フレーム進め、前のフレームよりもマスクの点を右方向へ1つずつずらしていきます。これをくり返し、マスクが左から右へと移動するように、1つずつマスクの形を調整しておきましょう。

5 クリップを分ける

元の映像クリップに対して V キーで非表示にすると、「マスクを描画」を適用したクリップのみが表示されます 。「マスクを描画」を適用したクリップを Option キーを押して複製します 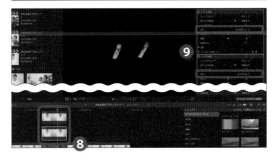。一方の「マスクを描画」の「表示」を［オリジナル］や［コンポジット］に変更することで、マスクを切った箇所のみを表示できるので、2つとも表示されるように設定しておきましょう。

6 反射面を光らせる

「マスクを描画」を適用したクリップを光らせる方法はいくつかあります。「エフェクト」から［グロー］を適用することで 、マスクを切った箇所の露出が上がり光って見えるようになります。［フラッシュ］を適用し「ブレンドモード」を［加算］に変更することで 、フィルターがかかったような光り方を作ることもできます。また単純に「カラーインスペクタ」の「露出」を上げることで 、画面を真っ白にすることもできます。

基本の編集

タイトル

カラーやエフェクト

オーディオ編集

イベント

YouTubeやSNS

Motion

Technique

81

海外MV風残像スライドエフェクト

海外のミュージックビデオで見かける、人物の残像がスライドするエフェクトを作成していきます。

静止画をスライドさせる

リズムに合わせて静止画を作り、切り抜いた人物を横にスライドさせる動きを作ります。

⬛1 シーンをカットする

Command + B キーでクリップをカットします❶。フレームがスライドする区間を決めておき、再び Command + B キーでクリップをカットしておきましょう❷。

⬛2 フレームを静止する

カットしたクリップを Option キーで上にドラッグして複製しておきます❸。上に配置したクリップに対し、Shift + H キーで静止クリップを作成します❹。クリップの終わりで再び Command + B キーを押し、静止画のみをカットしておきます❺。

3「マスクを描画」で切り抜く

「エフェクト」から静止画に対して、[マスクを描画] を適用します ❻。ペンツールを使って人物周りを囲んでいきます ❼。ハンドルに対して Option キーを押しながらドラッグすることで、細かくマスクの描画を行うことができきます。

4 ビューアでキーフレームを打つ

■をクリックすることでビューアの左上に■が出現します ❽。静止画クリップの始まりで■をクリックしてキーフレームを打ちます ❾。キーフレームを打つことでこの地点での位置の数値を保持します。

5 画面の外に移動する

➡ キーで5フレームほど時間を進めておき、画面内のクリップを画面の右外へとドラッグすることで人物の静止画が画面の右外へとすばやく動くキーフレームの動きを作ることができます ❿。キーフレームの間隔が狭いほど動きは速くなります。

6 モーションブラーを作る

静止画クリップに対し、「エフェクト」の「ブラー」から[方向] を適用します ⓫。■を選択していない状態で画面内の矢印を横に引っ張ることで、横方向のブラーを作ることができます ⓬。でき上がったクリップは Option キーで複製すると、何度も使うことができます ⓭。

82 外部ソフトでアニメーションを加える

Macに備わっているKeynoteなどのソフトを連携して使うことで、Final Cut Pro
にはない映像表現を加えることができます。

図形のアニメーションを作る

Keynoteにある図形を使用することで、Final Cut Proにはない図形のアニメーションを挿入することができるようにな
ります。

1 背景を作る

Final Cut Proのキーイングを使用するため、緑の背景
をKeynoteで作成していきます。Keynoteの「図形」か
ら［正方形］を選択します **❶**。画面いっぱいに正方形を
広げ、色をグリーンにしておきます **❷**。

2 アイコンを加える

再び「図形」から［ハート］を選びます **❸**。ここではさま
ざまな図形があるため、好きなシルエットでアニメー
ションを作ることができます。ハートの色は「塗りつぶ
し」から赤にしておきます **❹**。

③ アニメーションを加える

「アニメーション」の項目から、「イン」の[エフェクトを追加]を選択します ❺。ここから[ポップ]を選択することで、SNSで見かけるようなハートがポップして登場するアニメーションを作ることができます。同様に[アウト]では、アニメーションが消える動きを作ることができます ❻。

④ スライドショーを記録する

アニメーションができたら、メニューバーの[再生]→[スライドショーを記録]を選択します ❼。■をクリックし ❽、画面をクリックすると、アニメーションが始まります。

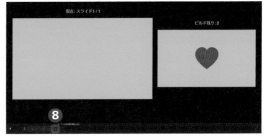

⑤ 映像として書き出す

メニューバーの[ファイル]→[書き出す]へと進み、[ムービー]を選択します ❾。「解像度」などを選択することで ❿、Keynoteのアニメーションを映像として書き出すことができます。

⑥ 映像に挿入する

Final Cut Proの映像クリップの上に、書き出されたアニメーションを挿入します ⓫。「エフェクト」から[キーヤー]を適用することで ⓬、緑の部分が消えハートの部分だけ残るようになります。

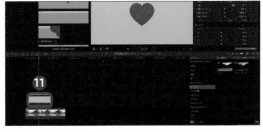

基本の編集

タイトル

カラーやエフェクト

オーディオ編集

イベント

YouTubeやSNS

Motion

83 高速移動する

映画やドラマなどでVFXとしてよく使われる、高速移動を作っていきます。

早送りにブラーをつける

早送り映像だけでも高速移動のように見えますが、今回はブラーをつけることでさらに高速で移動しているように見せていきます。

1 アクションと背景を準備する

前方へと走る映像と走ったあとの背景の映像を準備します。このとき、なるべく風や光などで変化しないような背景のほうがよいでしょう。

2 早送りで走る

Shift + B キーでブレード速度を追加します❶。走るシーンのところで速度が速くなるようにしておきましょう。今回は約50000％ほどにして、一瞬で画面からなくなる速さにしました。

❸ 走るシーンを分離する

速度を速くした箇所で Command + B キーでクリップを
カットしておきます❷。カットしたクリップは背景の上
に配置しておき、「エフェクト」から［マスクを描画］を
適用します❸。人物の周りに沿ってマスクを切っておき
ましょう❹。

❹ コントロールポイントでマスクを作る

「コントロールポイント」にキーフレームを追加しておき
❺、人物に合わせてマスクを動かしておきます。

❺ ブラーを適用する

クリップに対して、「エフェクト」の「ブラー」から［方
向］を適用します❻。クリップの冒頭で「Amount」に
キーフレームを打っておき、2つ目のキーフレームで
「Amount」の数値を上げておきます❼。

❻ 砂埃を加える

「FootageCrate」からダウンロードしたフリー素材を
使用して、砂埃を加えます。今回は下記リンクからDLし
たものを使用しました。「ブレンドモード」を［スクリー
ン］にし、「不透明度」の数値を下げることで❽、より映
像と馴染むようになります。

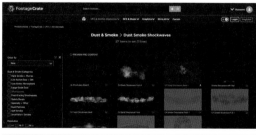

使用素材　https://footagecrate.com/video-effects/
footagecrate-dusty-shockwave-back-4

基本の編集

タイトル

カラーや
エフェクト

オーディオ編集

イベント

YouTubeやSNS

Motion

Technique 84

手持ちカメラ風の手ぶれ

固定カメラで撮影した映像を誰かが手持ちカメラで撮影したかのように、手ぶれを加えていきます。

1 ハンドヘルドを適用する

エフェクトからハンドヘルドを適用することで、自動的に画面内に手持ちカメラのような手ぶれを作ることができます。

1 ハンドヘルドを適用する

前準備として固定カメラで撮影したクリップ（ここでは「Clip2」を使用）を挿入しておきます。「エフェクト」から［ハンドヘルド］を適用することで❶、自動的に手ぶれの動きが加わります。

2 ゆっくり大きくぶれを作る

「Shakiness」では画面の揺れの回数を設定できるので、数値を下げることで揺れの頻度を減らすことができます❷。「Distance」では揺れの振れ幅を設定できるため、数値を上げることでダイナミックなカメラの動きができます❸。

3 画面内にぶれを作る

「エフェクト」から［ビジュアルエコー］を適用すること
で❹、画面内の動きに対して残像が加わります。

2 トラッカーを使った手ぶれの追加

実際に手ぶれのある映像を使うことで、リアルな手ぶれを作り出すことができます。手ぶれの映像をトラッカーで解析します。

1 手ぶれ素材を挿入する

手ぶれのあるクリップ（ここでは「Clip」を使用）の上
に、固定カメラのクリップを配置します。固定カメラの
クリップは Ⓥキーで非表示にしておきます❶。

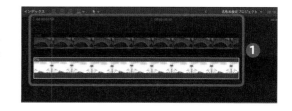

2 オブジェクトトラックを追加する

「トラッカー」の➕をクリックすることで❷、オブジェク
トトラックを追加することができます。

3 トラッカーで解析を行う

画面内に表示されたシェイプをドラッグして❸、映像内
のトラックする対象を囲みます。画面左上の［解析］を
クリックすることで❹、選択した範囲の動きの解析が始
まります。

4 オブジェクトトラックを適用する

固定カメラの映像を Ⓥキーで表示します。「トラッカー」
の横にあるメニューから［オブジェクトトラック］を選
択することで❺、解析した映像のデータが固定カメラに
反映され、クリップが動くようになります。固定カメラ
の映像は端が切れないように「調整」の数値を上げてお
くとよいでしょう❻。

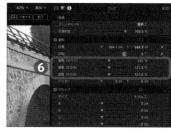

基本の編集

タイトル

カラーやエフェクト

オーディオ編集

イベント

YouTubeやSNS

Motion

Technique

85

銃を発射する視覚効果

モデルガンやエアガンなどを発射する際にブローバックを作ったり、衝撃で画面が揺れるエフェクトを加えたりすることで、よりインパクトのある映像になります。

1 発砲する

火花の素材を一瞬だけ銃口に表示するだけで発砲したようなエフェクトになります。

1 マズルフラッシュを加える

一瞬だけ現れる火花を加えてるために「FootageCrate」などからマズルフラッシュ（Muzzle Flash）の映像素材をダウンロードしておき、映像の上に配置しておきます。Photoshopなどの画像編集ソフトやAfter Effectsなどで、一瞬だけの火花を自作してもよいかもしれません。

使用素材　https://footagecrate.com/video-effects/ FOOTAGECRATE-MuzzleFlashSmokeyHandgun2

2 位置を合わせる

ビューアの下にある「変形」のアイコンを押しておき、銃口に合わせて大きさや角度を合わせていきます❶。プレビュー画面内のハンドルを操作することで、直感的に変更することができます。

210

2 ブローバックを作る

自動で弾丸を装填する動きを作ることで、連続して発射できる銃の動きを作っていきます。安いおもちゃの銃でもリアリティが増します。

1 静止画を複製する

撃つ瞬間のクリップを4フレーム方向キーで動かし、Command + B キーでカットしておきます。クリップを Option キーを押しながらドラッグをして複製します。Shift + H キーでクリップを静止させておき、火花が出たシーンより1フレームだけ後に表示されるようにします。

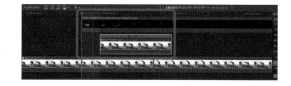

2 スライドをマスクで切り抜く

静止したクリップに対して、[マスクを描画]のエフェクトを適用します ①。銃の上部をペンツールで囲み、スライドできるように切り抜いておきます ②。

3 発砲後にスライドさせる

静止クリップに対して、「位置」と「回転」のキーフレームを打っておきます ③。4フレームの間で上部が後退して、再び戻るように1フレームずつ数値を調整していきましょう。

4 ブラーを適用する

「エフェクト」の「ブラー」から[方向]を適用します ④。スライドする際に勢いがつくように、「Amount」の数値を上げておきましょう ⑤。

3 迫力を加える

効果音や画面の揺れを加えることで、さらに映像に迫力が出ます。

1 効果音を重ねる

発砲音を作る際に迫力が足りない場合は、いくつかの音を重ねていくとよいでしょう ①。発砲音だけでなく薬莢が飛ぶ金属音やトリガーを引く音、ブローバックの音などを予想しながら重ねてみてください。

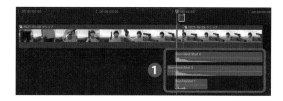

2 画面揺れを加える

でき上がった映像をすべて選択し、Option + G キーで複合クリップとしてまとめておきます。発砲の瞬間のクリップをカットしておき、「エフェクト」から[地震]を加えることで ②、画面が衝撃で揺れる迫力のある映像を作ることができます。

基本の編集

タイトル

カラーやエフェクト

オーディオ編集

イベント

YouTubeやSNS

Motion

Technique 86 エフェクトで目をグルグル回す

目の中にグルグル回るアニメーションを加えることで、精神的におかしい表現を作ったり催眠術にかかったような視覚効果を作り出したりすることができます。

1 中心から広がるアニメーションを作る

ジェネレータの「レイ」に対して「万華鏡」のエフェクトを加えることで、中心から模様が広がるアニメーションを作ることができます。

■1 レイを追加する

「ジェネレータ」からタイムラインに [レイ] を挿入します❶。「Rays」「Circle」「Background」から色を変更することができますが、黒い部分は後ほど消すため、背景が黒いレイを作成していきます❷。

■2 万華鏡を適用する

「エフェクト」から [万華鏡] を追加することで❸、中心からシェイプが始まるアニメーションを作ることができます。「ジェネレータインスペクタ」の「Spin」で、広がりの速さを変更することができます❹。「万華鏡」の「Segment Angle」を「0」にすることで❺、円形に近くなります。

212

3 シェイプマスクを適用する

「エフェクト」から［シェイプマスク］を適用します❻。
マスクのハンドル❼をドラッグして、円形に切り抜かれ
るように調整します。

2　目の中にアニメーションを加える

トラッカーを使うことで、目をトラッキングしてアニメーションを自然に合成することができます。

1 トラッカーの範囲を指定する

アニメーションのクリップを Ⓥ キーで非表示にしておき
❶、映像を挿入します。「トラッカー」の ➕ をクリックし
て❷、トラッカーの範囲指定のメッシュを出現させ、瞳
に合うように範囲を小さく設定しておきます。ビューア
の左上にある［解析］をクリックすることで瞳の動きを
解析します❸。

2 アニメーションにトラッカーを設定する

アニメーションのレイヤーに対し、■をクリックします
❹。プルダウンメニューから［オブジェクトトラック］
を選択することで❺、瞳の動きに合わせてアニメーショ
ンが移動するようになります。

基本の編集

タイトル

カラーやエフェクト

オーディオ編集

イベント

YouTubeやSNS

Motion

3 瞳に合わせる

「調整」でサイズを小さくしておき、また「位置」で瞳の
位置に合わせておきます ❻。「ブレンドモード」を［スク
リーン］に変更することで ❼、黒い箇所が消えて瞳に合
成されます。

4 両目に適用する

もう片方の目も同様に、再び「トラッカー」を追加して
おき解析を行います ❽。複製したアニメーションのク
リップに対して、プルダウンメニューから［オブジェク
トトラック2］を指定することで ❾、新たにトラッキン
グを行うクリップを作ることができます。

214

Motionで作る モーション グラフィックス

Motionは、Appleが開発・販売しているmacOS向けのモーショングラフィックスデジタル合成ソフトウェアです。「App Store」から税込¥6,100（2022年2月現在）で購入できます。外部プラグインのMotionを使えば、動きやエフェクトなど表現の幅が広がります。Final Cut Proとうまく併用することで、一手間加えた動画作りをより簡単に行えるようになるでしょう。

Motion の使い方の基本

Motion を使うことでモーショングラフィックスや視覚効果など、動画表現の幅が広がるようになります。

テキストを登場させる

ここでは Motion の基本的な使い方を学ぶために、空のレイヤーの上にテキストを登場させていきます。

1 Motion プロジェクトを開く

Motion を起動するとさまざまなメニューが表示されます。1から基本的な操作を行う場合は [Motion プロジェクト] を選択します❶。「プリセット」や「フレームレート」などを設定し❷、[開く] をクリックします❸。

2 画像を読み込む

画面上部の [読み込む] をクリックし❹、画像ファイルを選択して❺、[読み込む] をクリックすると❻、タイムラインに画像が挿入されます。

3 画像を拡大する

[インスペクタ] → [情報] を選択すると❼、画像の大きさなどの数値を変更することができます。今回は「調整」の数値を上げて❽、画像を少し拡大しておきます。また、右端の∨をクリックして「情報」内のメニューを開き、[パラメータをリセット] をクリックすると❾、元の数値に戻すことができます。

4 テキストを追加する

プレビュー画面下部にあるツールメニューから[T▼]→
[3Dテキスト]を選択することで⑩、「グループ」の中に
テキストのレイヤーが追加されます。追加したテキスト
は[インスペクタ]→[テキスト]→[フォーマット]を
選択すると、「フォント」や「サイズ」などを調整するこ
とができます⑪。

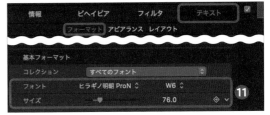

5 ビヘイビアで動きを作る

テキストに動きを加える場合[ライブラリ]→[ビヘイビ
ア]を選択すると⑫、準備されているプリセットからテ
キストに動きを加えることができます。今回は[テキス
トアニメーション]の[テキストトラッキング]を選択し
⑬、テキストが徐々に広がる動きを適用しました。

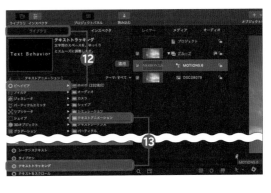

6 キーフレームで動きに変化を作る

キーフレームを打つことで時間の経過に従って数値を変
化させることができます。[インスペクタ]→[ビヘイビ
ア]をクリックし、「速度」にキーフレームを打ち⑭、数
値を変更することでテキストの広がり具合を変えていき
ます。また「情報」からもキーフレームを打つことがで
きるので、「ブレンド」にある「不透明度」を「0%」→
「100%」に変化するようにし⑮、テキストを表示して
みます。

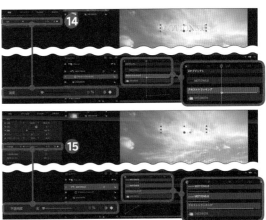

7 保存と書き出し

メニューバーの[ファイル]→[保存]をクリックするか
⑯、[Command]＋[S]キーを押すことでMotionのファイル
を保存することができます。ファイルを書き出す場合
は、[共有]→[ムービーを書き出す(デフォルト)]をク
リックするか⑰、[Command]＋[E]キーを押します。

☀ POINT

エラーなどでプロジェクトが消える可能性があるた
め、保存は定期的に行いましょう。

88

Motionで作ったタイトルを挿入する

Motion内で作成したタイトルを、テンプレートとしてFinal Cut Proで使用できます。Motionではパーティクルなどのエフェクトも自由に作成可能です。

1 タイトル表示を作る

下3分の1（ローワーサード）のテキストを作成していきます。キーフレームアニメーションを使用し、スライドさせながら登場させましょう。

1 Final Cut タイトルを作成する

Motionを起動し、[Final Cut タイトル] を選択します❶。タイトルの場合は、大きさや動きのスムーズさは必要ないため、「プリセット」は [放送用 HD 720]、「フレームレート」は [23.98 fps - NTSC] に設定し❷、[開く] をクリックします❸。

2 テキストを配置する

[プロジェクトパネル] → [レイヤー] から「テキスト」のレイヤーを選択し❹、[ライブラリ] → [テキストのスタイル] を開いて、氷の質感を持った [Ice] を選択し❺、[適用] をクリックします❻。

☀POINT

テキストは [インスペクタ] → [テキスト] の「基本フォーマット」から「サイズ」を調整したり、ツールバーの [変形]（ ）で位置を調整したりすることができます。

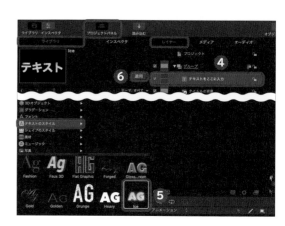

3 テキストの質感を編集する

[インスペクタ] → [テキスト] → [アピアランス] から質感などを編集することができます ❼。「フェース」や「アウトライン」などはここから編集します ❽。

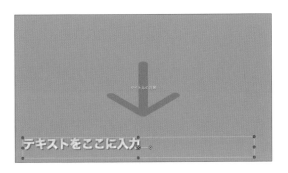

4 表示区間を決める

テキストの [情報] をクリックして開きます ❾。テキストを表示させたい区間で「位置」に対し、キーフレームを2つ打っておきます ❿。今回はトラックの始めで Shift + → キーを2回押して20フレーム移動し、最初のキーフレームを打ってから、5秒の地点で2つ目のキーフレームを打っています ⓫。

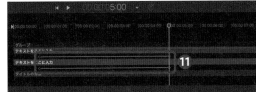

5 テキストを画面の外に配置する

手順 4 で打った最初のキーフレームより20フレーム前で「位置」のキーフレームの「Y」の数値を300ほどマイナス方向に下げておきます ⓬。同様に最後のキーフレームから20フレーム経過したところで、同じく「Y」の数値を300ほどマイナス方向に下げます ⓭。テキストが画面下から上がってきて、しばらく表示されたあとに画面下に隠れる動きをします。

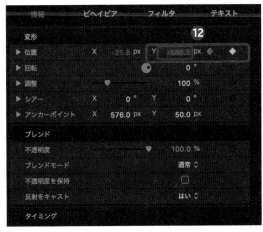

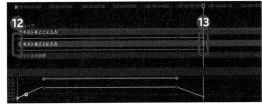

基本の編集

タイトル

カラーやエフェクト

オーディオ編集

イベント

YouTubeやSNS

Motion

6 滑らかに動かす

キーフレームに対して右クリックし、[キーフレームエディタで表示]をクリックするか⑭、メニューバーの[ウィンドウ]→[キーフレームエディタ]をクリックして、キーフレームの動きをグラフで表示します。動きの終わりのキーフレームに対して右クリック→[イーズイン]をクリックして適用します⑮。動きの始まりのキーフレームに対しては右クリック→[イーズアウト]をクリックして適用します⑯。イーズアウトでは緩やかに動き出し、イーズインでは緩やかに停止する動きをするため、テキストの全体の動きが滑らかになります。

☀ POINT

テキストが画面の外に移動するキーフレームにも同様に「イーズイン」と「イーズアウト」を適用しておきましょう。

2 雪のエフェクトを加える

Snow Blizzardのエフェクトを適用し、テキストの周辺に雪のエフェクトを加えてみます。

1 Snow Blizzard を適用する

雪のエフェクトを開始したい箇所にインジケーターを合わせておきます。今回はテキストが登場する少し前に設定しました。グループに対して[ライブラリ]→[パーティクルエミッタ]→[Snow Blizzard]をクリックして適用します❶。

2 雪の調整を行う

[インスペクタ]→[エミッタ]を選択すると❷、雪の調整を行うことができます。「始点」の数値を調整して❸、雪のエフェクトが始まるところをテキストの周辺にしておきます。さらに「グローバルコントロール」をダブルクリックして開き、「調整」の数値が元の数値から「0」になるようにキーフレームを打つと❹、最後は雪が消えるようになります。

3 タイトルを挿入する

自作したタイトルは保存して、Final Cut Proの中で通常のタイトルとして使用することができます。

❶ ファイルを保存する

メニューバーの［ファイル］→［保存］を選択するか❶、
Command + S キーを押して、保存画面へと移行します。
「カテゴリ」を自由に決めることができます。ここでは、
［新規カテゴリ］を選択し、「新規カテゴリの名前」を「特
殊」にし❷、［作成］をクリックしました❸。「テンプ
レート名」でタイトルに名前をつけておき❹、［公開］を
クリックします❺。

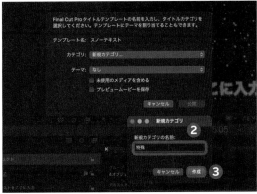

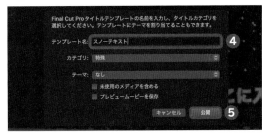

❷ タイトルを挿入する

Final Cut Proを起動し、■をクリックして「タイトル」
のサイドバーを開きます。設定したカテゴリ（ここでは
「特殊」）の中に、Motionで作成したタイトル（ここでは
「スノーテキスト」）が表示されているので、通常通りク
リップの上にドラッグ＆ドロップして配置することがで
きます❻。また、「テキストインスペクタ」（■）からテ
キスト内容や「フォント」、「サイズ」の変更をすること
も可能です❼。

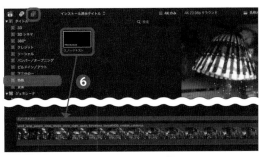

Technique 89

タイトル文字に大小をつける

バラエティ番組のメインテロップやドラマでよく見られるように、テキストの大きさに大小をつけることで特徴的な見せ方をすることができます。

Motionでテキストを変形させる

Motionでテキストを一文字ずつ作成し、Final Cut Proにテンプレートとして設定していきます。

1 Final Cutジェネレータを作成する

Motionを開いた状態で、[Final Cutジェネレータ] を選択し❶、[開く] をクリックします❷。

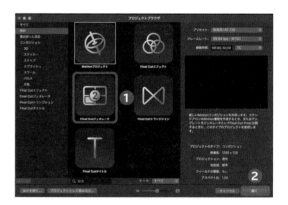

2 テキストレイヤーを挿入する

プレビュー画面下部にあるツールメニューから 🅣 ⌄ →
[テキスト] を選択します❸。画面をクリックしてからテキストを入力すると❹、Final Cut Proのタイトルと同様にテキストを入れることができます。

3 テキストのスタイルを変える

[インスペクタ] → [テキスト] → [フォーマット] から文字の調整を行うことができるので、まずは「フォント」で明朝体のものを選択しておきます **5**。「配置」で 墨 をクリックして「中央揃え」にしておくと **6**、テキストが中心に対して配置されます。中心のメインタイトルの箇所だけを選択することで **7**、その部分だけサイズを変えることも可能です。大体のデザインができ上がったら、ツールバーで [変形] ( ) を選択している状態で **8**、テキストを中心に配置しておきます。

4 グリフを変形する

ツールバーから [グリフを変形] を選択します **9**。この状態で文字をクリックすると、文字の周りにハンドルが現れ **10**、一文字ずつ変形させたり回転させたりすることができるようになります。

Check! テキストを揃える

テキストのサイズを変更すると全体的にずれてしまいます。そこでたとえば、「ミテミナイト」という文字の「テキスト」で「ト」の前に入力カーソルを持ってきて、「調整」や「オフセット」の数値を動かすと「ト」よりも後ろのテキストが影響するようになります。

---

5 タイトルを保存する

メニューバーの [ファイル] → [保存] をクリックしたら **11**、「テンプレート名」「カテゴリ」「テーマ」などを自由に設定し、[公開] をクリックします。「ユーザーフォルダ /ムービー /Motion Templates」の中の「Generators」に **12**、作成したフォルダが追加されていればFinal Cut ProのジェネレータにMotionで作成したタイトルが挿入されます。

6 Final Cut Proで編集する

Final Cut Proに挿入されたMotionのテキストを、映像クリップの上に配置します **13**。「エフェクト」から [ライト] → [グロー] を適用すると **14**、テキストだけにグローのエフェクトが加わります。

基本の編集

タイトル

カラーやエフェクト

オーディオ編集

イベント

YouTubeやSNS

Motion

90

音楽に合わせてロゴを動かす

Motionを使用して音楽に反応するオーディオスペクトラムを作成します。大きさや位置、不透明度などの要素で反応させることができます。

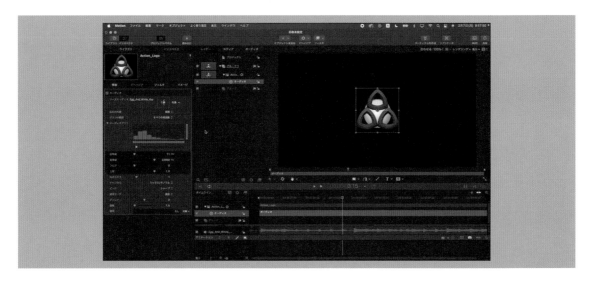

ビヘイビアから音楽を反応させる

ビヘイビアのパラメータを使用することで、音楽に合わせてロゴやシェイプを反応させることができます。

1 音楽を挿入する

タイムラインにロゴと音楽ファイルを挿入したら、「オーディオタイムラインを表示/非表示」(🔊) をクリックして、挿入された音楽を表示しておき❶、始まりのタイミングをドラッグして調整します。今回の作例は下記リンクからDLした音楽素材を使用しました。

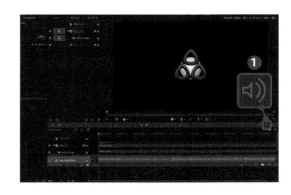

使用素材　https://dova-s.jp/bgm/play6459.html

2 パラメータのオーディオを追加する

[ライブラリ] → [ビヘイビア] → [パラメータ] → [オーディオ] を選択し❷、[適用] をクリックします❸。タイムラインに「オーディオ」ビヘイビアが追加されました。

③ 同期の設定を行う

「オーディオ」ビヘイビアを選択した状態で、［インスペクタ］→［ビヘイビア］を開きます ④。インスペクタの中の「ソースオーディオ」に「オーディオタイムライン」に配置した音楽のクリップをドラッグ＆ドロップします ⑤。

④ オーディオグラフを確認する

「オーディオグラフ」の ▶ をクリックして再生すると「ソースオーディオ」にドラッグした音楽クリップが再生され、そのオーディオグラフが表示されます ⑥。このオーディオグラフを基準として同期します。

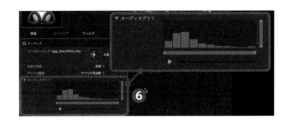

⑤ 低音で同期する

「グラフの範囲」で現在の設定（ここでは［すべての周波数］）をクリックして、メニューから同期する周波数（ここでは［低音］）を選択します ⑦。

POINT

バスドラムなど低音のリズムで同期させる場合は「低音」を選択します。高い声で歌うコーラスに合わせたい場合は「高音」を選ぶなど、音楽や作りたい映像によって合わせておきます。

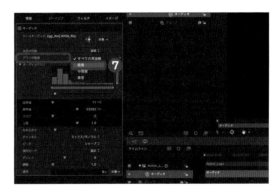

⑥ ロゴを拡大させる

「ソースオーディオ」で［対象］をクリックしてメニューを開き、［出力］を選択します ⑧。これで音楽に合わせてロゴが反応するようになります。また、「ビヘイビア」の右下にある［対象］をクリックしてシェイプのアニメーションの種類を選択します。ここでは［情報］→［変形］→［調整］→［すべて］を選択することで ⑨、ロゴを拡大する動きを作っています。

⑦ 度合いを設定する

「ビヘイビア」の「調整」から、音量に対するシェイプの反応度合いを調整することができます ⑩。

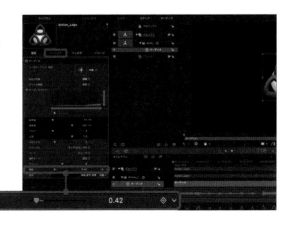

基本の編集

タイトル

カラーやエフェクト

オーディオ編集

イベント

YouTubeやSNS

Motion

Technique

91

写真を立体的に見せる

奥行きのある立体感を演出した動きをMotionで作成していきましょう。カメラ機能を使うことで写真や文字が立体的な動きをします。

カメラの動きを作る

カメラを作成して動かすことで、配置した写真やテキストが、立体感のある動きをするようになります。

1 カメラを作成する

[オブジェクトを追加] → [カメラ] を選択し❶、カメラをレイヤーに追加します。カメラを追加すると画面の上部にカメラに関する項目が出現します❷。

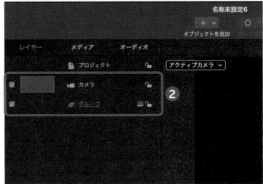

2 写真とテキストを配置する

レイヤー内に写真を追加しておきます❸。その上に、プレビュー画面下部にあるツールメニューから[T]→[テキスト]を選択し、テキストを入力しておきましょう❹。

3 パーティクルを追加する

さらにテキストの上に[ライブラリ]→[パーティクルエミッタ]→[Snow Blizzard]を選択し❺、[適用]をクリックします❻。これで前景としてのパーティクルができました。

4 カメラの画角を変える

「アクティブカメラ」はカメラからの視点なので、[アクティブカメラ]→[遠近]を選択し、変更します❼。カメラを含め、配置されたレイヤーを遠くから確認できるようになります。また、画面右上に表示されたアイコンをドラッグすることで❽、角度や距離を変えて確認することができます。

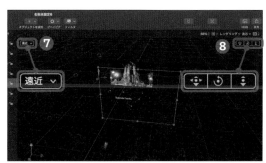

5 カメラを移動させる

レイヤーで[カメラ]を選択した状態で、[インスペクタ]→[カメラ]を選択し❾、「カメラタイプ」を[表示ポイント]へ変更します❿。「表示アングル」の数値を変更することで⓫、カメラと被写体の距離を調整することができます。カメラを近づけたり遠ざけたりする動きを作ることが可能になります。

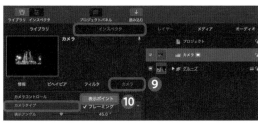

基本の編集

タイトル

カラーやエフェクト

オーディオ編集

イベント

YouTubeやSNS

Motion

Technique 92

トランジションをカスタマイズする

Final Cut Proに装備されているトランジションをMotionで編集し、オリジナルの
トランジションを作ります。エフェクトも同様に作成することが可能です。

Motionでエフェクトを加える

Final Cut ProのトランジションのコピーをMotionで開き、Motionでパーティクルなどのエフェクトを加えていきます。

1 コピーをMotionで開く

Final Cut Proで⊠をクリックして「トランジションブ
ラウザ」を開き ❶、編集したいトランジションを選択し
ます。今回は「ライトノイズ」のトランジションを編集
します。[ライトノイズ] を選択して右クリック→ [コ
ピーをMotionで開く] をクリックし ❷、Motionに移行
しましょう。

2 パーティクルを加える

Motionに移行したら [プロジェクトパネル] → [レイ
ヤー] を確認すると、トランジションがすでにいくつか
の要素で構成されていることがわかります ❸。エフェク
トを加えたいところでタイムラインのインジケーターを
合わせたら、[ライブラリ] → [パーティクルエミッタ]
→ [スパークル] から [Surprise Shimmer] を選択し
❹、[適用] をクリックします ❺。

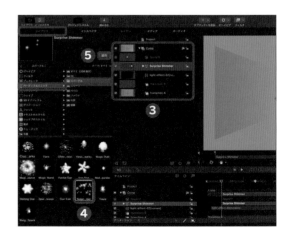

3 パーティクルを調整する

レイヤーで [Surprise Shimmer] を選択し、[インスペクタ] → [エミッタ] を開きます。「シェイプ」を [円] に変更することで❻、パーティクルが円形に広がります。「半径」の数値を上げて❼、画面全体に広がるようにしておきましょう。なお、「カラーモード」で [表示中のカラーから選択] を選択すると「表示中のカラー」からパーティクルの色を変更することができます❽。

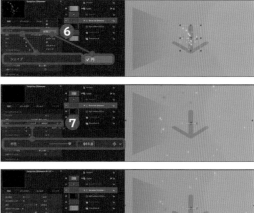

4 パーティクルを合成する

画面が明るくなる箇所にインジケーターを合わせます❾。[インスペクタ] → [情報] を選択し、「ブレンド」にある「ブレンドモード」を [スクリーン] に変更すると❿、明るい箇所でパーティクルを合成することができます。パーティクルを消す際には「不透明度」にキーフレームを打ち、画面が切り替わったところでキーフレームの数値が「0%」になるように設定します⓫。

5 トランジションを保存する

メニューバーにある [ファイル] → [保存] をクリックするか⓬、[Command] + [S] キーを押してファイルを保存します。[複製として保存] をクリックすると⓭、オリジナルのトランジションとして保存することができます。「テンプレート名」と「カテゴリ」を設定し⓮、[公開] をクリックすると⓯、Final Cut Pro内に表示されます。

6 Final Cut Pro内で使用する

Final Cut Proの「トランジションブラウザ」に先ほど設定した「カテゴリ」（ここでは「トランジション」）が追加されています⓰。そこから作成したトランジション（ここでは「シマートランジション」）を選択し⓱、適用することでテンプレートとして使用することができます。

基本の編集

タイトル

カラーやエフェクト

オーディオ編集

イベント

YouTubeやSNS

Motion

リプリケータを使った
モーショングラフィックス

シェイプアニメーションを作る際に、リプリケータの機能を使うことで同じシェイプだけでなく動きまで複製することができます。

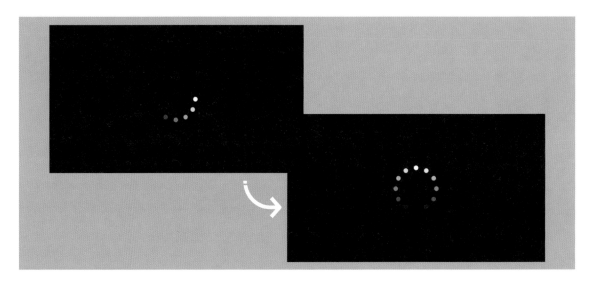

シェイプを順番に表示させる

リプリケータを活用してシェイプを作成することで円形に配置することができます。さらにシェイプを時計まわりに表示させていきましょう。リプリケータとは、素材を複製する機能のことです。

1 円を配置する

プレビュー画面下部にあるツールバーから ● → [円] を選びます ❶。 Shift キーを押しながら画面内をドラッグすると ❷、円を描くことができます。今回は小さめの円を描いています。

2 リプリケータを適用する

円に対して、画面右上にある [リプリケータ] をクリックして適用すると ❸、円が複数表示されるようになります ❹。

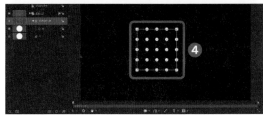

3 円を丸く並べる

[インスペクタ] → [リプリケータ] を選択し、「シェイプ」を [円] に変更することで **⑤**、シェイプが円形に配置されます。さらに「調整」を [アウトライン] へと変更することで **⑥**、アウトラインにのみシェイプが配置されます。また「ポイント」を増やすと、円のシェイプが増えるようになり、「半径」で円の広がりを調整できます **⑦**。

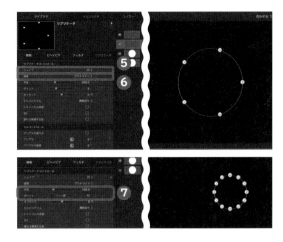

4 シーケンスリプリケータを使用する

画面上部にある [ビヘイビア] → [リプリケータ] → [シーケンスリプリケータ] を適用します **⑧**。[インスペクタ] → [ビヘイビア] を選択すると **⑨**、「シーケンスリプリケータ」が追加されているのを確認できます。「パラメータ」で [不透明度] を選択して追加すると **⑩**、不透明度によってシェイプが出現する動きを作ることができるようになります。

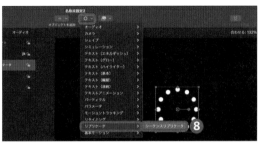

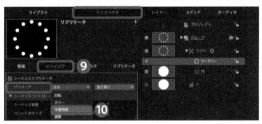

5 シェイプを順番に表示する

「不透明度」の数値を「0」に設定しておきます **⑪**。「シーケンス処理」を [スルー反転] にすることで **⑫**、円のシェイプが順番に表示される動きを作ることができます。

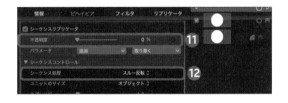

6 表示方法を調整する

「スプレッド」の数値を上げることで **⑬**、一度に表示されるシェイプの数が増えます。また「終了時の状態」を [ラップ] に変更することで **⑭**、ループする動きを作ることができます。なお「ループ」の数は指定することも可能です **⑮**。

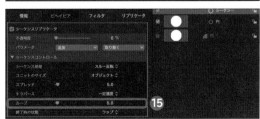

基本の編集

タイトル

カラーやエフェクト

オーディオ編集

イベント

YouTubeやSNS

Motion

Technique 94

映像の中で地球儀を回す

3Dオブジェクトを使用することで、トラッキングした映像内に立体的なオブジェクトを挿入し、ARのような映像を作ることができます。

1 地球を回転させる

3Dオブジェクトの地球を、スライダを使用することでぐるぐると回転させることができるようになります。

1 3Dオブジェクトを追加する

[ライブラリ]→[3Dオブジェクト]→[Earth]を選択し❶、[適用]をクリックして❷、レイヤーに挿入します。画面内に表示された3つのハンドルを動かすことで❸、3つの方向で地球を回転させることができるようになります。また[インスペクタ]→[3Dオブジェクト]からも方向を変えることができます❹。

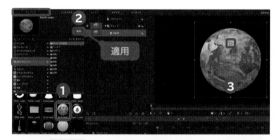

2 新規スライダに追加する

[インスペクタ]→[3Dオブジェクト]の「方向」のプルダウンメニューから[リグに追加]→[新規リグを作成]→[新規スライダに追加]を選択します❺。タイムラインにスライダと呼ばれる目盛りのようなものが表示されるため、ここに方向を適用して地球を回転させる動きを作ります。

3 地球を回転させる動きを作る

レイヤーで［スライダ］を選択した状態で、最初の0秒
の地点では「スライダ」と「Earth.方向」は「0」にして
❻、スライダのキーフレームを打っておきます。次に、
今回は6秒の地点でスライダの目盛りを「100」にし、
「Earth.方向」を「360」にして地球を回転させていきま
す❼。スライダのキーフレーム間で地球が一回転するよ
うになります。

2 映像の動きを解析する

映像の動きを解析することで、手持ちカメラで撮影した映像の上に、3Dオブジェクトを適用させることができるようにな
ります。

1 動きを解析を適用する

前準備として作成した地球のレイヤーはチェックを外し
❶、非表示にします。映像クリップを挿入し、［ライブ
ラリ］→［ビヘイビア］→［モーショントラッキング］→
［動きを解析］を選択し❷、［適用］をクリックします❸。

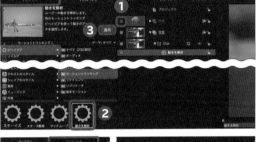

2 解析を行う

画面内に表示されたメッシュの範囲を映像内の特定の箇
所に合わせておきます❹。［インスペクタ］→［ビヘイビ
ア］→［解析］をクリックすることで映像内の動きを解析
してくれます❺。解析が終わると「動きを解析」のク
リップにキーフレームのアニメーションが表示されま
す。

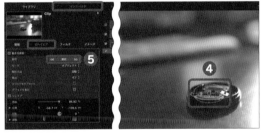

3 マッチムーブを適用する

最初に作った3Dオブジェクトのグループを表示してお
き、［ライブラリ］→［ビヘイビア］→［モーショント
ラッキング］→［マッチムーブ］を選択し❻、［適用］を
クリックします❼。

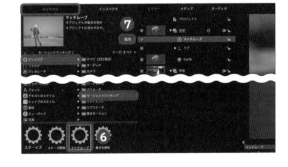

4 映像に合わせる

［ビヘイビア］を選択して「マッチムーブ」の［ソース］の
プルダウンメニューを開き、［Clip:動きを解析］を選択
します❽。映像に合わせて地球のオブジェクトも動くよ
うになるため、［情報］を選択し、「調整」や「位置」など
で映像に合わせて設定を変更しておきましょう❾。

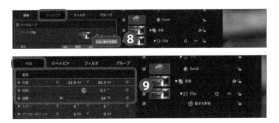

基本の編集

タイトル

カラーや
エフェクト

オーディオ編集

イベント

YouTubeやSNS

Motion

95 手書き文字のアニメーション

手書き風にテキストを表示する表現は、結婚式動画やVlogなどあらゆるシーンの映像で活用することができます。

線のマスクでテキスト表示する

線描画のアニメーションをテキスト上で作成し、マスクを作成することでテキストを手書き風に表示していくことができます。

1 テキストを配置する

前準備として月の映像クリップを挿入します。[テキストツール]を選択した状態で❶、画面をクリックするとテキストを入力することができます。テキストは[インスペクタ]→[テキスト]→[フォーマット]を選択すると、「フォント」や「サイズ」を変更することができます。今回「フォント」は[Savoye LET]という筆記体を使用しています❷。

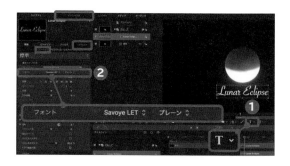

2 グループを追加する

映像とテキストが入ったグループとは別に、マスク用のグループを作成します。[オブジェクトを追加]→[グループ]を選択し❸、レイヤーにグループを追加します。グループ名はクリックをすることで変更できるので、ここでは「マスク」としておきます❹。

3 文字に沿って線を描く

［ベジェツール］を選択した状態で❺、文字の上から書き順通りに線を描いていきます❻。はじめのうちは短めの文字数で試してみるとよいかもしれません。

4 テキストをブラシで覆う

線ですべてをなぞり終わったら［インスペクタ］→［シェイプ］→［スタイル］をクリックして開き、「塗りつぶす」のチェックを外します❼。ブラシの線のみが表示されます。また、わかりやすくするために「ブラシカラー」を赤にしておき❽、「幅」の数値を上げてテキストをすべて覆うようにブラシのサイズを上げておきます。

5 イメージマスクを追加する

「マスク」のグループに対して、右クリック→［イメージマスクを追加］をクリックします❾。「インスペクタ」に「イメージマスク」が追加されるので、「マスクソース」にテキストのレイヤーをドラッグ＆ドロップすることで❿、テキストに沿ったイメージマスクが作成されます。

6 書き順通りにテキストを表示する

タイムラインのテキストの開始時に「最後の点のオフセット」のキーフレームをオンにしておき、数値を「0」にしておきます⓫。さらにインジケーターを少し進めたところで「最後の点のオフセット」の数値を「100」にします⓬。こうすることで0%から100%に移行する間にテキストがブラシの書き順通りに表示されるようになります。

7 キーフレームの動きを滑らかにする

タイムラインのキーフレームに対し、右クリック→［キーフレームエディタで表示］を選択します⓭。タイムライン下方にキーフレームのグラフが表示されるので、最初のキーフレームに対し［イーズアウト］、最後のキーフレームに対し［イーズイン］を適用することで⓮、滑らかな動きでテキストが登場します。

窓から差し込む光の演出

窓や明るい場所などの光を印象的に表現する際、光が差し込む演出をMotionで作り出すことができます。

フィルタを使って合成する

Motionの機能にあるフィルタを使用することで、映像の色や質感を編集することができます。

1 クリップを複製する

あらかじめクリップを挿入しておき、Kキーを押すと、まったく同じレイヤーである「クローンレイヤー」を作成することができます❶。クリップを選択した状態ではクリップが複製されますが、グループを選択した状態ではグループが複製されます。

2 「しきい値」を適用する

クローンレイヤーに対して、画面上にある[フィルタ]→[カラー]→[しきい値]を適用します❷。映像内の明るい箇所が白、そのほかの箇所は黒で表示されるようになります。

③ ブラー（ズーム）を適用する

再び［フィルタ］→［ぼかし］→［ブラー（ズーム）］を適
用します❸。明るい箇所が伸びたような印象になります
❹。

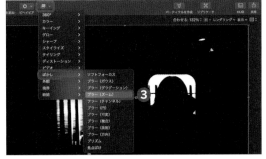

④ 光の方向を変える

画面内に表示された「中心」のハンドルを上に動かすこ
とで❺、光源が上に移動したように伸びる光の方向もず
れることになります。実際に使用する映像の光源を意識
しながらハンドルの位置を決めるとよいでしょう。今回
は太陽が光源です。

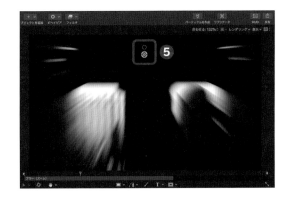

⑤ 合成を行う

［インスペクタ］→「情報」をクリックし、「ブレンド」の
中にある「ブレンドモード」を［スクリーン］に変更しま
す❻。黒い箇所は取り除かれ白い箇所のみが合成されま
す。「不透明度」の数値を下げることで光の強さを調整す
ることができます❼。

基本の編集

タイトル

カラーや
エフェクト

オーディオ編集

イベント

YouTubeやSNS

Motion

魔法のようなパーティクル

Motionのパーティクルエミッタを使用することで、杖を振ったときにパーティクルが出現する魔法のようなエフェクトを加えることができます。

1 パーティクルを作成する

杖を振るシーンを撮影し、杖に合わせてパーティクルエミッタのスパークルを追加していきます。

■1 スパークルを追加する

Motionに杖を振るクリップを挿入しておきます❶。クリップに対して［ライブラリ］→［パーティクルエミッタ］→［スパークル］を選択し、タイトル通り［Magic Wand］（魔法の杖）を選んで❷、［適用］をクリックします❸。

■2 杖の先に合わせる

スパークルの光が合成されるので、アンカーポイントをドラッグして❹、杖の先端部分に配置します。

3 エミッタを調整する

[インスペクタ] → [エミッタ] を選択し、光の発生量をコントロールする「発生量」の値を最大にして ❺、パーティクルの量を増やしておきます。そのほかに「速度」や「表示時間」などでエミッタを調整することができます ❻。

2　パーティクルを杖に追随させる

杖の先にパーティクルを追随させることで、杖の動きに合わせてパーティクルが広がる動きを、自動的に作ることができます。

1 マッチムーブでトラッキングを行う

[ライブラリ] → [ビヘイビア] → [モーショントラッキング] → [マッチムーブ] を選択し ❶、[適用] をクリックします ❷。レイヤーの「Magic Wand」に「マッチムーブ」ビヘイビアが追加されました。

2 解析を行う

レイヤーから [マッチムーブ] を選択し、[インスペクタ] → [ビヘイビア] を開くと、「マッチムーブ」の「ソース」に杖を振るシーンが表示されています ❸。トラックポイントを合わせておき、[解析] をクリックするとクリップ内の動きを自動解析します ❹。

3 位置から手動で動かす

「マッチムーブ」でうまくいかない場合は、[インスペクタ] → [情報] を選択し ❺、「変形」にある「位置」にキーフレームを打っておきます ❻。別のタイムラインを再生し、杖の先に合わせてアンカーポイントを動かすことでパーティクルが流れるように動くようになります。キーフレームを打つ際、両端に先に打っておいてから ❼、途中にキーフレームを打つことで効率よくキーフレームを作成することができます。

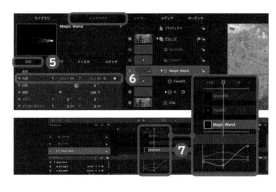

4 パーティクルを合成する

「ブレンド」から「ブレンドモード」を [スクリーン] や [加算] にすることで明るさに応じた合成を行うことができます ❽。

基本の編集

タイトル

カラーやエフェクト

オーディオ編集

イベント

YouTubeやSNS

Motion

Technique

98

パスに沿ってタイトルを流す

テキストを曲線のパスに沿って右から左へ動かしていきます。歌詞動画や、一味違ったテキストモーションに使用することができます。

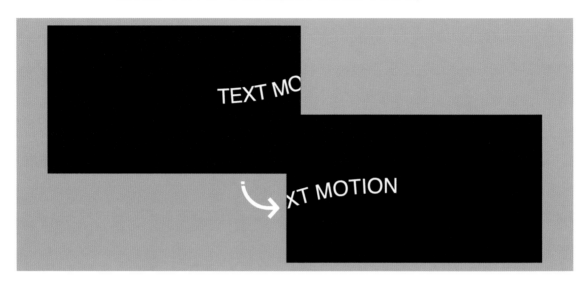

1 パスに沿ってレイアウトする

テキストをパスに沿って配置していきます。Final Cut Proではできなかったテキストの配置をMotionで行っていきます。

1 テキストを入力する

Motionのテキストツール（🆃）をクリックし❶、画面をクリックしてから文字を入力します❷。

2 テキストの大きさを合わせる

［インスペクタ］→［テキスト］→［フォーマット］を開きます❸。「フォント」でテキストのスタイルを変更したり、「サイズ」で大きさを変更しておきます❹。 Shift ＋ S キーを押して選択ツールに切り替えたら、テキストをドラッグして真ん中に配置しておきます❺。

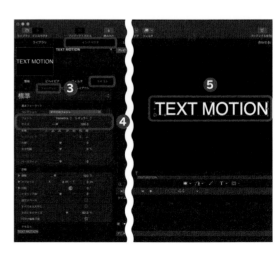

3 パスに変換する

テキストを選択した状態で[インスペクタ]→[テキスト]→[レイアウト]をクリックし、「レイアウト方法」のポップアップメニューから[パス]を選択します**❻**。すると、テキストがパスの上に配置された状態に変換されます。

4 パスを動かす

テキストツールを選んだ状態で**❼**、キャンバスのテキストをクリックするとテキスト入力待機状態になり、同時にテキストの下に線と3つのハンドルが現れます**❽**。3つのハンドルを動かすことでパスを動かしていくことができます。

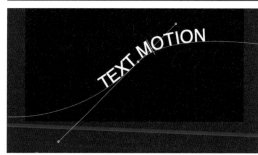

5 波を作る

「パスオプション」から「パスシェイプ」のプルダウンメニューを開くことで、あらかじめ設定されたパスを適用することができます。今回は[波]を選択して**❾**、ウェーブのようにテキストが配置されるようにしていきます。

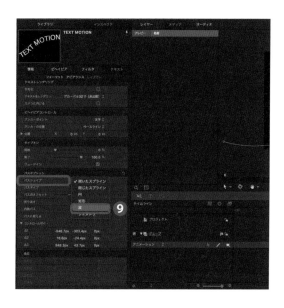

基本の編集

タイトル

カラーやエフェクト

オーディオ編集

イベント

YouTubeやSNS

Motion

2 テキストが流れる動きを作る

パスに沿ってテキストが流れる動きを作っていきます。テキストが見えるように途中で動きがゆっくりになるようにしていきます。

■ パスのオフセットで始点を決める

「パスオプション」にある「パスのオフセット」の数値を動かすことで❶、テキストの位置を決めることができます。画面の右外へテキストが出るように数値を設定します。キーフレームを打っておき、最初の地点の数値を保持しておきます。

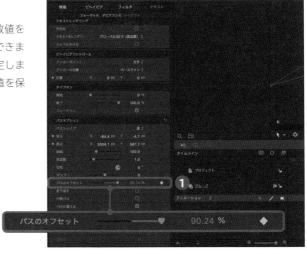

② パスのオフセットの終わりを決める

「パスのオフセット」をマイナス方向へ動かすことで❷、テキストが左へとスライドして動くようになります。画面の右外から左外へと流れるキーフレームアニメーションを作っておきます。

③ 動きを途中で緩やかにする

テキストの動きを緩やかにしたい区間を囲むようにキーフレームを2つ打っておきます❸。打っておいたキーフレームの間隔を広げることで❹、その間のスピードを緩やかにすることができます。

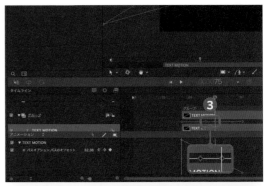

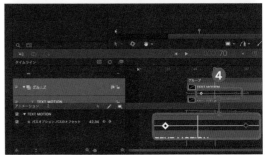

ブラシによるペイントアニメーション

ペイントした線が、描いた順番に現れるペイントアニメーションを作ります。
Motion ではブラシのような質感をつけることができます。

基本の編集

タイトル

カラーや
エフェクト

オーディオ編集

イベント

YouTubeやSNS

Motion

線を描いた順番に表示させる

ベジェツールやフリーハンドで描いた線に対して質感を加えたり、オフセットで順番に表示させていくことができます。

1 ペイントストロークツールを使う

線を描画するツールがいくつかあります。ペイントスト
ロークツール（✐）❶では、フリーハンドで画面内に線
を描くことができます。

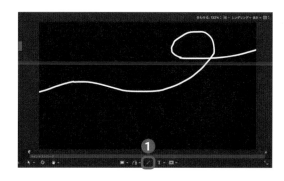

2 ベジェで線を描く

ツールバーにある✐ → ［ベジェ］や［Bスプライン］を
選択することで❷、綺麗な曲線を描くことができます。
画面内をクリックしたあとに、ドラッグすることで線を
引くことができます。線の上に表示されたポイントを選
択するとハンドルが現れるため❸、曲線の度合いを調整
することができます。

3 線を表示する

レイヤーで［ベジェ］を選択します ❹。［インスペクタ］
→［シェイプ］→［スタイル］を選択したら、「塗りつぶ
す」のチェックを外し、「アウトライン」にチェックを入
れることで ❺、線のみが表示されます。

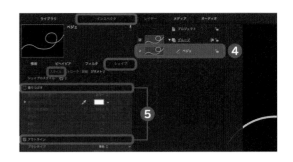

4 線の太さを変える

「アウトライン」から詳しい線の設定を行うことができま
す。「幅」の数値を上げることで ❻、線の太さを変えるこ
とができます。また「ブラシカラー」では線の色を調整
することができます ❼。

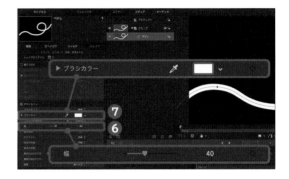

5 線の質感を決める

［シェイプのスタイル］を選択することで、線の質感を変
えることができます。今回は［トラディショナル］→
［Acrylic 05］を使用します ❽。

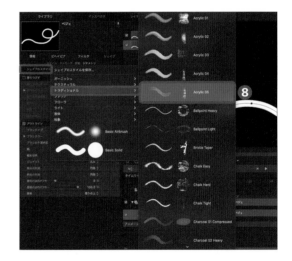

6 ブラシの色を変更する

［ストローク］を選択すると ❾、ブラシの色を変更するこ
とができます。「オーバーストロークにカラーを指定」の
下にある から色のプリセットを選択して変更します
❿。

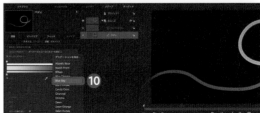

7 最後の点のオフセットを決める

[インスペクタ] → [シェイプ] → [スタイル] をクリック
します⓫。線描画が始まる箇所で「最後の点のオフセッ
ト」の数値を「0」にしておき、キーフレームを打ってお
きます⓬。

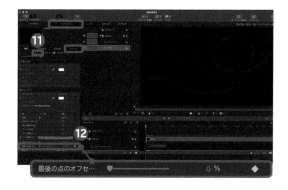

8 線描画で表示／非表示にする

線を表示させたい時間のところで「最後の点のオフセッ
ト」の数値を「100」にすることで⓭、画面内にブラシ
がすべて表示されるようになります。また、線を消した
い場合は「最初の点のオフセット」の数値に対し、同様
の手順でキーフレームを打つことで⓮、順番に線が消え
るようになります。

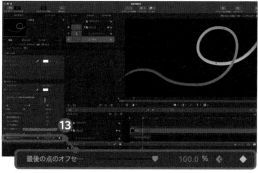

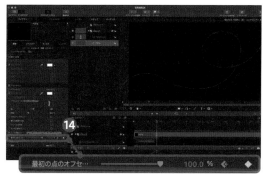

9 クリップに馴染ませる

クリップの上にブラシアニメーションを配置した状態に
しておきます。「アディティブブレンド」にチェックを入
れることで⓯、ブラシがクリップに馴染むように合成さ
れます。

基本の編集

タイトル

カラーや
エフェクト

オーディオ編集

イベント

YouTubeやSNS

Motion

縦に文字をスクロールする

Motion を使って縦書きに書いた文字を電光掲示板のようにスクロールしていきます。複製することで「マトリックス」のようなテキストも作ることが可能です。

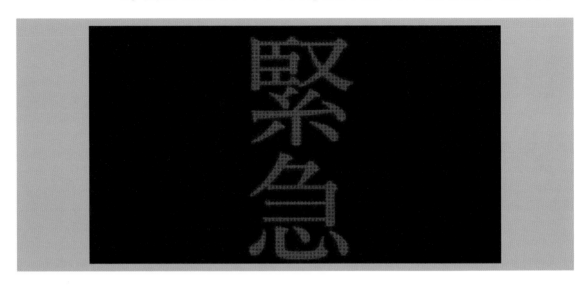

1　縦書きテキストをスクロールする

テキストのレイアウトを縦書きにしておき、ビヘイビアからスクロールを適用することで、縦にスクロールする文字を作ることができます。ここでは下から上へスクロールさせていきます。

1 テキストを入力する

テキストツール（T▾）を使って画面内にテキストを入力します❶。「フォント」や「サイズ」などは［インスペクタ］→［テキスト］→［フォーマット］から変更することができます❷。

2 縦書きに変更する

［テキスト］→［レイアウト］をクリックします❸。「方向」を［垂直］にすることでテキストが縦書きに変わります❹。

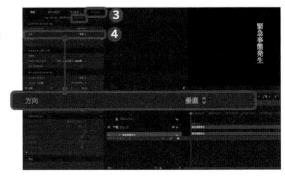

❸ テキストを赤く光らせる

[テキスト] → [アピアランス] をクリックします❺。
「フェース」からテキストの色を指定することができます
❻。「アウトライン」の「ブラー」の数値を上げることで
❼、テキストが光るような効果をつけることができま
す。

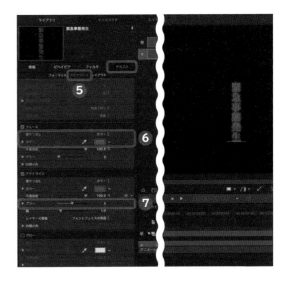

❹ テキストをスクロールする

テキストをスクロールしやすいように「サイズ」の数値
を大きくしておきます❽。テキストをドラッグし、真ん
中に配置しておきます❾。テキストに対し [ライブラリ]
→ [ビヘイビア] → [テキストアニメーション] → [テキ
ストをスクロール] を選択し❿、[適用] をクリックしま
す⓫。

☀ POINT

「テキストをスクロール」はデフォルトの場合、右か
ら左へと横にスクロールします。

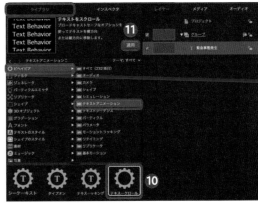

❺ 縦にスクロールさせる

[インスペクタ] → [ビヘイビア] をクリックし、「テキス
トをスクロール」を開きます。「スクロール方向」を [垂
直] に変更することで⓬、縦にスクロールするようにな
ります。

☀ POINT

上から下へスクロールさせる場合は、「速度コント
ロール」を [カスタム] に変更することで好きな位置
から始められます。

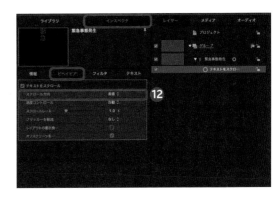

基本の編集

タイトル

カラーや
エフェクト

オーディオ編集

イベント

YouTubeやSNS

Motion

2 電光掲示板のような質感にする

テキストにドットを合成することで、電光掲示板のような質感にしていきます。

1 グリッドを作成する

テキストの上に新規グループを作成しておきます。[ライブラリ] → [ジェネレータ] → [ジェネレータ] → [グリッド] を選択し、新規グループへとドラッグしておきましょう❶。すると白黒の細かいグリッドができ上がります。

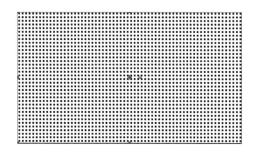

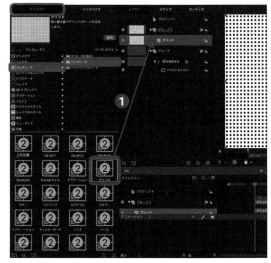

2 ドットを増やす

[インスペクタ] → [ジェネレータ] を選択します❷。「ぼかし」の数値を「1.0」に上げておき、黒い部分をぼかしておきます。また「線の幅」を「1」にしてグリッドを細かくしておきましょう❸。

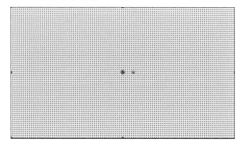

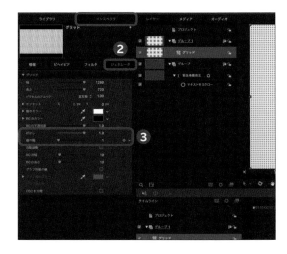

3 テキストに合成する

レイヤーで [グリッド] を選択し❹、[インスペクタ] → [情報] をクリックします❺。「ブレンドモード」を [ステンシルルミナンス] に変更することで❻、テキストの上にドットが合成され、電光掲示板のような質感を作ることができます。

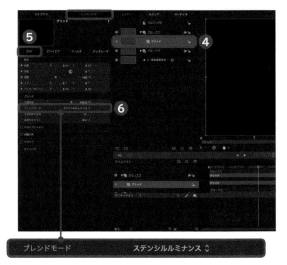

Technique 101 人間が転送するシーンを作る

Motion内のエフェクトを用いて、SFドラマでお馴染みの人間が転送するシーンを
作っていきます。

基本の編集

タイトル

カラーや
エフェクト

オーディオ編集

イベント

YouTubeやSNS

Motion

1　パーティクルを追加する

ライブラリの「パーティクルエミッタ」にはさまざまなエフェクトが準備されており、クリップに適用することですばやく
エフェクトを作り出すことができます。

■ クリップを重ねる

Final Cut Proと同様にクリップを縦に重ねることで
シーンの切り替えを作ることができます。今回は背景の
クリップの上にジャンプしたクリップを配置しておきま
す ❶。ジャンプしたクリップは空中にいる状態から始ま
るようにしています。

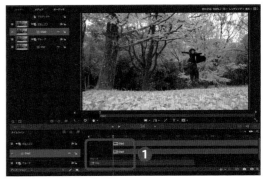

2 グループを分ける

Command + Shift + N キーを押して、新規グループを作成することができます。編集のしやすさを考えて、背景と人物のグループは分けておきます ❷。

☀POINT

作成したグループは、名前をダブルクリックすることで名前を変更することができます。

3 Transport を適用する

人物のクリップを選択し、[ライブラリ] → [パーティクルエミッタ] → [SF] → [Transport] を選択し ❸、[適用] をクリックします ❹。クリップのグループ上にパーティクルのレイヤー群が配置され、再生すると転送のエフェクトが適用されています ❺。

4 エフェクトの位置を調整する

タイムライン上で「Transport」のエフェクトをドラッグすることで ❻、始まるタイミングをずらすことができます。人物が写っていない背景から転送のエフェクトが出現し、その後に人物が登場するようにします。[インスペクタ] → [情報] を選択し、「変形」にある「位置」の数値を動かして ❼、人物が登場する箇所に転送のエフェクトを配置しておきましょう。

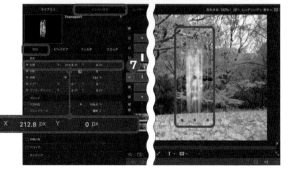

5 キーフレームを編集する

「Transport」のクリップにキーフレームが表示されているので、間隔を狭くして転送のエフェクトのスピードを調整します **8**。

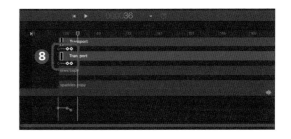

2 煙を追加する

着地した際の土埃や登場シーンで使える煙を追加していきます。さまざまな煙の種類があるため、シーンに合ったものを選びましょう。

1 Vaporsを適用する

人物が登場する箇所で［ライブラリ］→［パーティクルエミッタ］→［スモーク］を開きます。［Vapors］を選択し **1**、［適用］をクリックすることで **2**、下から上に上がる水蒸気のようなエフェクトを追加することができます。

2 不透明度のキーフレームを追加する

［インスペクタ］→［情報］を選択し、「不透明度」にキーフレームを打ちます **3**。「不透明度」の数値が100%から0%になるようにすることで煙が徐々に消えていくようになります **4**。

基本の編集

タイトル

カラーやエフェクト

オーディオ編集

イベント

YouTubeやSNS

Motion

索引 Index